中国传统民居系列图册

吉林民居

张驭寰

中国建筑工业出版社

总　序

　　20世纪80年代，《中国传统民居系列图册》丛书出版，它包含了部分省（区）市的乡镇传统民居现存实物调查研究资料，其中文笔描述简炼，照片真实优美，作为初期民居资料丛书出版至今已有三十年了。

　　回顾当年，正是我国十一届三中全会之后，全国人民意气奋发，斗志昂扬，正掀起社会主义建设高潮。建筑界适应时代潮流，学赶先进，发扬优秀传统，努力创新。出版社正当其时，在全国进行调研传统民居时际，抓紧劳动人民在历史上所创造的优秀民居建筑资料，准备在全国各省（区）市组织出书，但因民居建筑属传统文化范围，当时在全国并不普及，只能在建筑科技教学人员进行调查资料较多的省市地区先行出版，如《浙江民居》、《吉林民居》、《云南民居》、《福建民居》、《窑洞民居》、《广东民居》、《苏州民居》、《上海里弄民居》、《陕西民居》、《新疆民居》等。

　　民居建筑是我国先民劳动创造最先的建筑类型，历数千年的实践和智慧，与天地斗，与环境斗，从而创造出既实用又经济美观的各族人民所喜爱的传统民居建筑。由于实物资料是各地劳动人民所亲自创造的民居建筑，如各种不同的类型和组合，式样众多，结构简洁，构造合理，形象朴实而丰富。所调查的资料，无论整体和局部，都非常翔实、丰富。插图绘制清晰，照片黑白分明而简朴精美。出版时，由于数量不多，有些省市难于买到。

　　《中国传统民居系列图册》出版后，引起了建筑界、教育界、学术界的注意和重视。在学校，过去中国古代建筑史教材中，内容偏向于宫殿、坛庙、陵寝、苑囿，现在增加了劳动人民创造的民居建筑内容。在学术界，研究建筑的单纯建筑学观念已被打破，调查民居建筑必须与社会、历史、人文学、民族、民俗、考古学、艺术、美学和气象、地理、环境学等学科联系起来，共同进行研究，才能比较全面、深入地理解传统民居的历史、文化、经济和建筑全貌。

其后，传统民居也已从建筑的单体向群体、聚落、村落、街镇、里弄、场所等族群规模更大的范围进行研究。

当前，我国正处于一个伟大的时代，是习近平主席提出的中华民族要实现伟大复兴的中国梦时代。我国社会主义政治、经济、文化建设正在全面发展和提高。建筑事业在总目标下要创造出有国家、民族特色的社会主义新建筑，以满足各族人民的需求。

优秀的建筑是时代的产物，是一个国家、民族在该时代社会、政治、经济、文化的反映。建筑创作表现有国家、民族的特色，这是国家、民族尊严、独立、自信的象征和表现，也是一个国家、一个民族在政治、经济和文化上成熟、富强的标帜。

优秀的建筑创作要表现时代的、先进的技艺，同时，要传承国家、民族的传统文化精华。在建筑中，中国古建筑蕴藏着优秀的文化精华是举世闻名的，但是，各族人民自己创造的民居建筑，同样也是我国民间建筑中不可忽视和宝贵的文化财富。过去已发现民居建筑的价值，如因地制宜、就地取材、合理布局、组合模数化的经验，结合气候、地貌、山水、绿化等自然条件的创作规律与手法。由于自然、人文、资源等基础条件的差异，形成各地民居组成的风貌和特色的不同，把规律、经验总结下来加以归纳整理，为今天建筑创新提供参考和借鉴。

今天在这大好时际，中国建筑工业出版社出版《中国传统民居系列图册》，实属传承优秀建筑文化的一件有益大事。愿为建筑创新贡献一份心意，也为实现中华民族伟大复兴的中国梦贡献一份力量。

陆元鼎

2017 年 7 月

前　言

　　吉林全境位于我国东北地区的中心，东半部山岳起伏，长白山山脉屏障其东，地势甚为高耸。西半部平原坦荡，是松辽大平原的一部分，松花江北流纵贯其间，构成肥沃富庶的地区。在这个地区内住着满、汉、朝鲜、蒙古、锡伯等民族，由于他们长久居住在这个地方，积累了适宜自然、改造自然的经验，并且根据自己民族的风俗习惯和生活特点，建造了各民族的居住房屋。

　　本书的内容，着重研究吉林地区各族人民传统居住房屋建设的经验。从它的演变、平面布置、艺术处理、各部分的构造以及地方材料的运用等，对每个民族居住房屋的特征进行分析，总结经验。使民间建筑优秀手法能够在今天的建设中有所借鉴。

　　1956 年在梁思成先生的指导下，选定吉林民间居住建筑作为研究专题。遂于 1957 年夏秋两次去吉林实地考察四个多月，因为地区广大、时间有限，未能普遍深入，但是主要的县份，重点的乡镇，都作了考察。在调查的过程中，承蒙当地政府及有关单位的许多同志热心协助。在编写过程中自始至终，受到导师梁思成先生的帮助，书稿完成后又承刘敦桢先生、刘致平先生以及研究室的同志们提供了宝贵意见，使得本书顺利完成。

　　因为这部书是我进入中国科学院的第一个专题研究项目，在调查研究中，对问题的认识，分析是不够深入的，对书中不成熟的地方、或者是认识不到的错误之处，盼望各方面同志给予批评指正，以便修订。

中国科学院土木建筑研究所与清华大学

建筑系合办建筑历史与理论研究室

张驭寰

1958 年 3 月

目 录

第一章

绪　论

我国民间居住建筑，由于各地区自然条件的不同，材料的差别，民族习惯的因素，以及社会生产力的影响，而产生各类的形状和式样。式样之多，不胜枚举。在广大的住宅房屋中，吉林地区民间居住建筑具有独特风格。因为地区情况复杂，虽然类型变化简单，但是，材料的运用、建筑设计手法、局部处理，却是很丰富的。特别是由于各民族长期居住所积累的经验，具体的处理和变化是多方面的。其中的一些建筑手法今天仍可适用。

第一节　自然环境

吉林市原是东北中部的一处古城，旧名船厂，满语"吉林乌拉"是沿江居住的意思。清光绪末年划分各省行政区时，东北三省内的一个省份——吉林省就以吉林市为中心，现今仍保持吉林省的建制。省内的边境县份曾经过多次的变动。黑龙江、辽宁二省部分地区和吉林省有过调整，吉林省的疆域，包括东北的中心部分，全境面积为240000平方公里。省境地位在东北的中部而偏于东南端，南邻辽宁省、北接黑龙江、西与内蒙古自治区相连，东部隔图们

江和朝鲜民主主义人民共和国为邻。按地势可分为三部分，东南部为松花江的上流，群山环绕，属于山岳地带。有名的长白山，在其东端原始森林翁郁苍翠，地下有丰富的宝藏。中部和西北部是松花江流域大平原地带，沿江地质略带沙性，土壤肥沃，盛产农作物，沃野千里，可以说是吉林的谷仓。西部则是沙漠与碱土地区，地势平坦，经日光照射，土碱返出地面，不利耕种，历年为畜牧地带，目前蒙古族、汉族居民正在这里试行半牧半耕。吉林地区属大陆性气候，冬季严寒、夏季温热，据调查得知，全年气温最高达37℃，最低至零下42℃，全年将近五个月的结冰期。年降雨量东部高山地区为1000毫米，西部沙漠碱土地区多狂风，雨量为635毫米左右，实甚干燥。

吉林物产丰富。坡地，平原以及沿江山川，已尽垦为农田，农产品主要以大豆、谷子、烟、麻、水稻等为大宗；林木多产松、柏、柞、椴、楸、桦等树；其他如渔、牧、工矿产品也很多。特别是吉林市近数十年以来，工业得到了大的发展，工矿规模，更为宏大。

吉林境内是一个多民族的地区，全境居民汉族、满族最多，朝鲜族和蒙古族次之。汉族大部分是清中叶以后由河北、河南，山西、山东一带居民来吉林开垦的农民，散

图1　长白山天池

居本省各县乡镇，构成为本省主要居民。

满族仅少于汉族，他们居住地区在以吉林市、乌拉街为中心的中部平原地区。同时分散到各县境内。哈尔巴岭以东以延吉为中心，是朝鲜族聚居区。郭尔罗斯前旗一带为蒙汉杂居区。

民间居住建筑的形式在境内有很多的变化，铁路以东平地和山川间，盛产木材、雨量又大，房屋的构造以木结构为主体，均做起脊式双坡屋顶，坡面甚陡，体形高大。铁路以西部分，碱土绵连，由辽西吹来狂风每年数月不停，又因木材缺乏，因此，房屋构造矮小，做平顶形式，俗称"碱土平房"。这种碱土平房和华北一带居住房屋形式相仿。据调查所见，河北省基本上都是这类型的房屋，并由河北而经至辽西，再由辽西而至吉林西部，无疑这是由于汉族的迁移，结合高地风大的特征，进行建造的。

第二节　地方建筑材料

建筑材料是建筑构成的物质基础，要产生一座建筑，必然要用具体的建筑材料。建筑居住房屋的目的，就是要为人们创造安适的居住条件，这关系到人们的生活习惯、经济情况等问题。例如：对建筑材料的选用，就地取材，再经过巧妙的加工，房屋才可经济；如选用华贵材料加上运费就可以使房屋造价高昂。一座居住房屋建筑造价的高低，是否符合经济原则，这与建筑材料的运用有最大的关系。例如：1平方米的建筑面积造价内的建筑材料的费用要占80%，所以建筑材料的选用，相当重要。

吉林地区物产丰富，建筑材料的种类也很多，可以分为矿物性、植物性两大方面。矿物性材料包括有土（泥）、砖材、石材等；植物性材料包括木材、蒿秆类等。其实，这些都是天然材料、数量很多，各个地方的人们根据不同的情况，创造和运用建筑材料的经验都是相当丰富的。有的房屋的寿命很长，有的房屋寿命很短，这都是和建筑材料的选用和构造方法有密切关系的，在农村造房除砖块外，主要的建筑材料是用泥土、木材、蒿秆等材料。

一、矿物性建筑材料

● 土。按质地划分为黄土、砂土、碱土、黑土四种，也有一小部分是黏土。黄土地带大部分在江河的沿岸，如：舒兰、永吉、德惠、九台、扶余等地，土质极细又黏，可以用作土坯又可以做抹墙面的材料。也有的用它来做胶结材料——做砌体的胶泥。砌土坯、砌垡土块时均可使用，由于它的黏着性能强，可使墙体坚牢。另因雨水很大，房屋外墙墙面也必须用黄黏土抹面。抹墙的季节大部分在秋季农闲时期进行。砂土地带的土质内含有大量的砂质，粗细不等。如果同黄泥混合在一起可以做土打墙，它有黏性土结合又有砂性土容易于渗水，是比较好的做法。在这部分土内含有大量的硝，经日晒风吹，在墙根部的附近返透出白灰色的硝粉。用砂性土质做砖坚固耐久，为大量做砖的根本原料。碱土本身的特性容易沥水，雨水侵蚀后，碱土的表面越来越光滑，雨水经常侵蚀使碱土更加光而坚固，因此，用碱土做屋面或墙面的材料，很为普遍。取碱土方便，随地可以获取，因它经常出现在土地的表面，只用一点运输力量就可以取得而不需要加工。黑土适于农耕，土质肥沃，属于大孔性土壤，但做建筑材料不甚适宜。所以居住在黑土地区的居民，不用纯黑土而多掺用黄土作为建筑材料，由石灰、黑土、黄土三等分所组成，捣固之后做基础，这样做法地基坚硬，建造房屋才能牢固。这是吉林三合土做法。

土坯用日光曝晒，三五天即可干燥并能使用，它的适用范围很广。在农村的各类建筑中，都使用土坯材料，包括各种墙垣，也都可用土坯砌筑。土坯的做法简单，又很经济，是最容易获得的材料，它能就地制作，经过很短的时间就可应用，从时间来说也是最快的。

土坯的种类分为黑土坯、黄土坯、砂性土坯、木棒土坯四种。黑土坯、黄土坯、砂性土坯三类基本相同，只因材料的性质不同而名称不同。这三种土坯中，都用羊草或谷草做羊角[①]，长度一般都在3厘米左右。因羊角的连接作用使土坯的土连成一个整体。木棒土坯，是在土坯之内放置木棒三至四条，使土坯能有抗弯作用，一般在墙门上部，门窗口的上部放置这样土坯以承担上部重量。

吉林地方土坯的做法是，先将坯土堆积于平地上，首先处理土，使土质细密，没有疙瘩和杂物，将羊角层层放置于土上，浇入冷水，经七小时后，草土被水闷透，用带钩的工具混合。拌合均匀后水、草、土三者完全粘合，再用木制坯模子为轮廓，将泥填入抹平，将木模拿掉后即成土坯。

土坯的尺寸各地不同，一般是40厘米 ×17厘米 ×7厘米左右。这样的尺寸，是经长期摸索而固定下来的，它的抗压、抗拉和耐久性都较好。

用土坯砌筑墙壁，可以任意加宽。它的优点是隔寒、隔热，取材便当，价格经济，随时随地都可制造。其弱点是怕雨水冲刷，必须使用黄土抹面。凡筑土坯墙都要抹面，每年至少要抹一次才可保证墙壁的寿命。

除此以外，沿江居民制作土坯时混入小块江沫石[②]以使土坯坚固。土坯是民间居住房屋建筑的主要材料，千百年来一直在应用着。

岱土块，在低洼地带或水甸子水半干后；将土挖成方块，晒干之后，当作土坯使用，谓之岱土块，或者叫作岱

---

① 羊角，也叫羊剪。它是吉林地方民间土语，在施工和泥过程中，为了使泥土有拉力，抹墙面不裂口，用羊草、谷草、麻刀等剪成小段和于泥中。这叫羊角。

② 江沫石：松花江沿岸产的一种固体材料，多孔可漂浮水中。

子。在水甸子里较平坦的土地，草长得很多，因为水里草根滋生的很长，深入土内盘结如丝，成为整体，非常牢固。将这样的草根子带土切成方块取出，用它来砌墙壁非常坚牢。它的特点是，草根长满在土中，如同羊角在土坯当中的作用，互相交错，比土坯还要坚固。它可以用在房屋墙壁和院墙墙壁处，它的出产量大又省去制造时间，可以说是最经济的地方建筑材料之一。

●砖。砖也是住宅建筑常用材料，一般都用青砖，青砖的生产采用过去的马蹄窑烧制，首先做成砖"坯子"，经日晒干燥后入窑烧制即得。

制作砖坯子的过程。首先是用黏土或者河淤土，加入砂土用手推制，再装入木模子用水拖出后即可做成坯子。经风吹日晒使之干燥，并在干燥场上设置凉棚，四面通风，上部防雨，使其干透上垛待烧。据调查过去的定额，每人一日可做出500块左右。青砖的规格，由于年代变迁尺寸也随之改变，一般通用的尺寸如下：

青砖与红砖尺寸比较表　　　　　　　　　　表1

种　类	长	宽	厚	长	宽	厚
红　砖	7.5寸	3.6寸	2寸	240毫米	116毫米	55毫米
青　砖	8寸	4寸	2寸	242毫米	121毫米	61毫米

除此以外，尚有大青砖（方砖），其尺寸为35厘米×85厘米左右。用于雕刻的青砖有方形、长方形两类，质地极细，没有杂质。青砖的颜色，稳重古朴，庄严大方。如从物理性能来分析，青砖抗压力比较小，极易破坏，同时吸水率甚大，砖墙容易粉蚀。据调查时的测定：

抗压力 { 红砖——每平方厘米200公斤以上
　　　　 青砖——每平方厘米100公斤以上

破坏荷载 { 红砖——每平方厘米600公斤以上
　　　　　 青砖——每平方厘米100公斤以上

石材。石材是民间居住房屋上不可缺少的材料。过去在封建社会里因为交通不便，采石机械不发达，只用手工斩凿，需要大量的人工，耗费大量的时间，不够经济，吉

林民间居住房屋用石材比较少，仅在比较重要的建筑上才应用。在建筑上使用石材的部位有：墙基垫石、墙基砌石、柱脚石（柱础）墙身砌石、山墙转角处的砥垫、迎风石、挑檐石以及台阶、甬路等。如包括宅内庭园用石，它的范围就更广了。

吉林境内东半部石山甚多，始终未经过大量开发，蕴藏着品种丰富的石材。在建筑上用的材料有花岗石、片麻石、石灰石、闪绿石、安山石、玄武石等。吉林省境内产石材地点主要的有下列几处：

1. 梨树县：十家堡（花岗石、片麻石）；
2. 永吉县：石家岭子（石灰石）；
3. 怀德县大屯：（闪绿石、安山石）；
4. 长春县石匠窝棚：（闪绿石、安山石）；
5. 梨树县三叉河子：（闪绿石、安山石）。

吉林住宅建筑上适用石材不算多，主要是因为重量过大，开采不容易，如今后大量开采，则是一项很适用的建筑材料。特别是用石块砌墙坚固耐久，将来在农村新建房屋中墙基石都采用石材，则可以延长房屋的寿命。土坯墙、砖墙却因返潮而致破坏，如用石材基底即可隔去潮湿。

二、植物性建筑材料

●干木类。干木类主要是木材，木材是吉林民间居住房屋的主要建筑材料。在吉林境内的东部、东南部的山区以及松花江，牡丹江的上游、鸭绿江、图们江的上游，长白山地区有原始森林，可供采用。

能用于建筑的树种有：

果松

黄花松

杉松（鱼鳞松、白松、杉松）

油松

阔叶松

柞树

椴

水曲柳

宁斯树

榆　树

黄波椤（黄木）

杨　树

桦　树

槐　树

楸　树

柳　树

梨　树

● 蒿秆类。蒿秆类有多种材料。高粱秆每棵直径约 2 厘米，高 2.5 米，是一种体轻而较坚硬的材料，当地人叫它为秫秸。它对建筑来说是有很多用途的，特别是对农民房屋用处更多。将秫秸绑成小捆可以当作屋面板用，农民造房在椽子上直接铺上很厚的高粱秆可以省去屋面板，同时又可以防寒。碱土地区的平房则使用高粱秆来做檐头。又可以编成帘子缚在木骨架上做间隔墙用，双面抹泥糊纸即成简便间壁。在仓库或储藏室，也可用高粱秆做外墙，这种外墙农家叫作"障子"，至多不过三年便须更换，否则全体腐烂。在室内的顶棚以及火炕面上的席子都可用高粱秆制成。

玉米秆较高粱秆粗，直径约 3 厘米，高约 1.8 米，不如高粱秆坚实，仅仅山区一部分房屋用它来做屋面，其弱点是雨水浸入后易腐烂。

谷草因本身细而柔软，如果加厚可以作为一种保暖材料，在没有羊草的地带都用谷草来苫房。但是谷草经潮湿后内部容易发热腐烂，所以需要每年更换一次，也有的人家用谷草铺炕取其松软，近则多以稻草代替。

羊草是水甸子中野生植物，其状纤细柔软，和乌拉草极相似。它的特点是本身保暖不怕水的侵蚀，经水不腐。因此，多用来做苫房的材料，遂叫作苫房草，当地起脊的草房都是使用羊草苫盖。羊草取得方便，舒兰、榆树、永

吉、桦甸各县都大量出产。

乌拉草是东北地区特产。过去俗谚："关东城，三宗宝，人参、貂皮、乌拉草"。乌拉草也写成靰鞡，是用牛皮以土法做的鞋子，本是满族穿用，后来普遍用于东北地区。取此种草垫在乌拉内穿之异常轻快温暖，遂名此草为乌拉草。郭熙楞《吉林汇徵录》云："乌拉草出近水处，湿软细长，三棱实其中……如垫鞋内行于冰霜中，足不知冷"。在建筑上乌拉草用途极广，是很好的建筑材料，草房用它做苫房草，仅次子羊草。

桦皮可做屋面。吉林地区居民用桦皮做房屋的人家也很多，特别是山间的简陋房屋现存尤多。用桦皮做成屋顶至今仍很适用。据《吉林汇徵录》所载述其形状及功用颇为详尽，如云：皮斑纹、色殷紫，如酱中豆瓣，……皮似山桃有花纹紫黑色……在山中皆有之……乌拉有桦皮屯，设壮丁采皮……又以桦皮盖窝棚"。盖清代武器中之弓，制造时亦需桦皮，故其用途尤为重要，现在笔者于吉林东山所见桦皮房屋与《吉林汇徵录》所记完全相同。

塔子头是一种自然的建筑材料，多生于野甸子低湿地方。据《松花江下游的赫哲族》所谈："塔子头产于洼地，阔叶无茎，丛生甚伙，凸起作塔形，故名塔头草，可和入泥中涂刷墙壁，使墙坚牢。"舒兰县法特哈门南下甸子出产塔子头极多，当地人家取之晒干用于墙壁最是多见，此种材料只需人工挖取即得。

猪鬃草用途和性质与乌拉草极相似，野生最多，同样是做苫房草的材料。

芦苇体细坚韧而清洁，可做成帘子放在檩子上而做屋面材料，也可做窗前遮阳帘及炕席、席棚等，在民间建筑上适用范围颇为广泛。

沼条是一种纤细丛生植物或称杞柳，性柔软耐久，一般生长在山林中及河滨或树下，高约 1.5 米。当地人用来编成筐笼或畜帘等，在建筑上编组成帘子形状可当屋面板使用，也可做间隔墙的筋骨，是最有韧性的材料。

第三节　采暖设施

　　吉林地方寒冷，除在房屋构造上采取保温构造外，并在室内装设取暖设备，使之发散热量以保持室内一定的温度。吉林冬季最低气温为零下39℃，冷气从屋顶和外墙透入，特别是从窗子透进的冷空气就更多了。因此，室内越寒冷则一切生活动作就越不灵便，生活中最关切的是水缸、菜缸等都有被冻裂的可能。当地居民创造了火炕、火墙、火炉、火地以及火盆等的防寒设备，提升室内的温度，抵抗冷空气袭入。

一、火炕

　　火炕是当地生活中普遍使用的一项采暖设施。人体坐卧其上可以得到充分的温暖，休息睡眠极为安适，乃是一项最好的采暖设施。白昼人们以它为中心来活动，夜间则休息其上，所以它是北方寒冷地区房屋建筑中不可缺少的设施。

　　火炕和房屋建筑是有密切关系的，做饭的炉灶余火将炕烧热，充分利用了烟在炕洞内回旋时的热能，因而得到一定的温度。虽然当零下30~40℃的气温，只要室内有一面火炕，即可以保持室内适合生活的温度。

　　在吉林民间住宅建筑中广泛建有火炕，在城市房屋中火炕的位置在北侧，叫作"北炕"。因为房屋南侧阳光充足，陈设桌椅作为昼间活动的中心，只有夜间在北炕安眠。农村住宅一般都设"南炕"，也有的人家设北炕，因为农民生活桌椅陈设较少，多以阳光充足的南炕为活动中心。从一般布置来说是"一间房两铺炕"，"三间房四铺炕"，大多数人家采取"对面炕"的布局方式。

　　火炕的种类甚多，如果按照位置分别，在正房前面的叫作南炕，在北面的叫北炕。满族住宅正房内有西炕，名为万字炕。万字炕是由南炕和北炕接连的小炕，其中作为

　　火道的通路。厢房内火炕的叫法按方位分东炕、西炕。此外在房少人多的住宅中，多沿着山墙建设长炕俗称"顺山火炕"，顺山火炕在旅店使用比较多，因为它可容纳很多人。在蒙古族人家将西炕和北炕接连起来而不设南炕，这种形式称为"拐巴炕"，这是当地蒙古族的习惯。

　　火炕的大小长度以间的宽度来决定，正好以间来作为标准长度。炕的宽度由人体身长决定，在习惯上都用1.8米左右。炕的高度以成人的膝高为标准，一般规定为65~70厘米。这些是实测的数字，它的根据是从人体的标准尺寸而决定的。炕的做法，首先在抱门柱之间砌置炕沿墙，上按炕沿，作为火炕的外墙。在墙的内面砌成长方形炕洞数条，中间以炕垅分隔。炕洞的最下部垫黑土或黄土夯打坚固，比地面高约30厘米，以缩小洞的面积可节省薪材，但是烟量仍可充满炕洞使火炕温热。炕洞数量根据材料的不同，面积的大小而定，一般从三洞至五洞不等。如使用膏砖做四个洞比较合适，但无具体规定，由工匠临时决定。各种形式的炕洞在炕头和炕稍的下部都有落灰堂，也就是两端顶头的横洞，洞底深于炕洞底部。这样做法的用意是当烟量过大时，烟可以存于落灰堂内，因此火炕可以保持易燃。

　　炕面采用砖、土坯、石板等材料铺盖，于其表面涂抹插灰泥（插灰泥做法：白灰1、黄土3、麻刀1），抹1厘米厚黄泥羊角，上部再抹以带麻刀的插灰泥或白灰压平或裱糊厚纸，最上铺以炕席。如果嫌炕头部分过热时，则采用双层炕面的做法。

　　砌筑炕洞砖应采用黄土1.5，砂子3的胶泥才能保证其坚固性。

　　五间以上的房子有腰屋接连，炕就过于长了，尾端温度不高而前后温差悬殊，在这种情况下采用闷灶式烧炕法。在腰屋的炕前端上又设单独灶炕一处，在这个地方加火使炕温暖。这样做法按炕洞来区别，有长洞式、横洞式、花洞式三种。长洞式，是顺炕沿的方向砌置炕洞，和炕沿成平行，当入睡时，人体和炕洞成垂直交叉，自上至下热

度很匀，一般人家多采用，是最适于居住而又温度均匀的一种炕洞形式。横洞式：炕洞是与炕沿成垂直方向，炕洞和人体成平行状态，如果恰好睡在炕垅上则有不热的感觉，不适合于人口多的人家使用。花洞式：将长洞式炕洞间炕垅留出许多孔洞，烟入炕洞后可以回串热度比较平均，这种做法容易使炕塌陷，不够坚固。

炕沿一般采取木制，如水曲柳或柞木等的硬木，断面约在15厘米×8厘米，根据造房木料而定，两端安装于抱门柱上，在炕沿正面或炕沿墙的木板上也有雕刻美丽花纹的。

火炕经焚烧至三年左右须掏炕一次（即清理炕洞），掏炕是将炕面拆除，将炕洞内的烟灰、烟油等物取出使炕易燃而保温。烧煤和烧乱草的炕，因烟量大灰多，须一年掏一次，烧木柴的炕则四年至五年掏一次即可，掏炕时一般都是在九月进行。

火炕用的燃料种类甚多，在山区都用元木或窑柴，元木是山上的大树锯开后，劈成劈柴待干后烧用，窑柴是烧窑时所用的材枝，或将元木（硬木）按1米长劈成数片使之自然干燥，窑柴单位按"批"计算，一般1.6米高、8米长、两端带井字谓之"一批"，如不带"井"字其长度须为10米。窑柴木类很杂，包括各类树种。利用窑柴烧炕，是上等的薪材火力甚旺，炕热的很快温度也高。灶内的火炭可以取出放入火盆内，火炭在盆内余烬彻夜不熄。使用窑柴烧炕大量浪费木材。烧炕的燃料除木柴以外尚有许多种类，例如一切五谷的蒿杆类（谷草、豆秸、高粱秆、玉米秆、乱草、茅草、糠皮、瓜子皮）和其他可燃性物品都可用做烧炕的材料，特别是在吉林一带，用五谷蒿秆类来烧炕不但经济，同时也可对当年的茅草与杆类进行一次清除，一举两得。

火炕对于人体是有益的，可以用它减去疲劳，但是火炕的弱点也很多。如室内没有火炉，只有炕面的温度适宜居住，屋内其他各处温度仍然很低。夏季火炕几日不烧火，炕内非常潮湿，日久可使火炕因潮湿而损坏。炕面和炕沿，炕面和墙的交接处，因干燥易于裂缝，所以自缝内露烟污

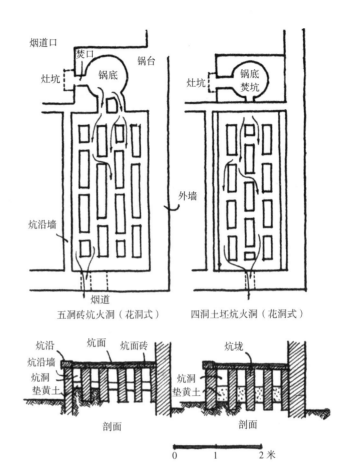

图2 吉林地区一般火炕平剖面图（花洞）

染室内空气，也可使室内空气过分干燥。

火炕虽然有些问题，仍不失为一项较好的采暖设施。历来就被我们祖先所采用，沿用至今。由于它对身体的健康有好的作用，所以在吉林地区的居住房屋中是不可缺少的。

但是，对于炕面应积极改良。炕面的做法是用插灰泥抹平后上部铺谷草或炕毡炕席等，这样做法炕面干燥后出来浮土甚多，自炕席和炕毡透出，使被褥遭受污染，有时连衣服也染得很脏，每日打开炕席随时都有浮土存在。这是因为在炕上活动摩擦而来，无可避免，又不能天天打扫，因此尘土越积越多，最易招致疾病有碍卫生。改良炕面有两种办法，首先采用油纸将炕面进行裱糊，并在接缝处粘贴紧密，油纸表面可以不必铺席，经常用布擦拭则

保持清洁光亮；另一办法比较经济，即在炕面之上加抹一层白石灰，用石灰浆压平上部再铺炕席，并需要经常打扫席子下面的尘土。

二、火墙

火墙是用砖做成的长方形墙壁，墙内留许多空洞使烟火在内串通，也是室内采暖的一种设施。一般在大型住宅当中为了减少室内灰尘，都做火墙。火墙自两面散热，故热量较大。火墙是东北早期满族所沿用的采暖设施，后来渐渐地传播至东北各地。火墙的位置多设在室内有间隔墙的地方并兼做间隔墙用，引火处在端部或在背面。在府第大宅火墙只用来采暖所以墙下不设火炉，火门装在端部，如采暖与做饭兼用时，在墙的背面连设火炉，取暖做饭两用。

火墙的类型可以分为"吊洞火墙"、"横洞火墙"和"花洞火墙"三类。吊洞火墙本身又分为三洞、五洞两种，这是最普遍、是广泛的一种形式。个别人家也有的做成土洞火墙，这样热度更大，不为一般人家所采用。横洞火墙不易制作，它和花洞火墙一样都是构造复杂、掏灰不便，因此，使用者较少。

火墙一般是用砖立砌成空洞形式，其宽度约30厘米，长为2米，高亦在2米左右，内部空洞抹平，甚为光滑。做法是用砂子加泥以抹布沾水抹光，火烧之后越烧越结实，烟道流通毫无阻碍，因之升温较快。火墙外部涂以白灰或石膏，也有的人家在火墙外部包上一层铁皮，表面涂铅油使其美观。对于火墙的保护是至关重要的，一般不使遭受潮湿，经常取出洞内烟灰。如果不常掏烟灰则积聚年久，烟灰结块最易烧成火焰，致造成火墙爆炸。火墙经常掏烟亦可使之延长寿命，可以用至二年到三年。至于选用火墙的大小，可以根据室内的布置和空间大小而随意决定。

火墙是很方便的采暖设施，构造亦不甚复杂，又省材料，同时和室内隔墙有同样的使用效果。

火墙的特点散热量大，散热面积在室内占较大部分，因而比较温度平均，灰土较少，并且火墙建筑位置大小可以随意，有它的灵活性。烧火完毕关上闷火板，则火墙的保温时间较长。它的缺点是温度过高燃料消耗大。同时使用燃料的种类很少，只能用木块和煤，其他燃料不能使用。

三、火炉

火炉是补充室内温度的另一种临时设施，用火墙时使用煤炭较多消耗量大，所以采用火炉取暖是很经济的办法。由于火炉体积小，热度不如火墙高，对经济情况较差人家最为适用。火炉的构造有两种形式，一种是铁铸火炉，用铁铸成，式样很多，如花盆式、西瓜式、立斗式、立式等，是定型的物品。在单面炕的人家为补偿室内温度，用火炉白昼生火夜间熄灭，这种工具是很灵活的。这种火炉当生火时热度很大，火熄灭时温度很小，室内烟灰太大有时还要漏烟不够卫生。另外一种是用砖筑的火炉，做成长方形，高1米左右，长1.2米，宽70厘米，上部安装铁盖，烟道采用铁烟筒，这是极简单的采暖形式，据说这种采暖工具是由民间创造产生的，吉林一般人家和旅馆、商店、学校大都采用。

四、火地

火地是将室内地面做成火炕式的孔洞，上部铺砖地面，一端生火，烟火从火洞进入，使地面全部温暖，形同火炕。做这种火地人家在过去吉林市有之，它的发展甚早，凡通古斯人均有使用，蒙古族在蒙古包内亦有做火地者。例如，原属吉林的内蒙古哲里木盟各旗蒙古族房屋都有。

五、火盆

火盆是民间采暖特有的小设备。火盆是将灶内燃烧完毕的火柴余烬"火炭"取出装入其中放在屋内炕上或是火盆架上，所散热量可使室内稍暖。火盆的形状做成圆形、方形或八角形，其种类分为铁火盆、泥火盆、磁火盆、铜火盆等数种，以泥火盆为最多。

第二章

吉林民间居住建筑简史

吉林广大地区处于东北中部，在那里很早就有人居住，据考古发掘得知全境存在大量的石器时代文化，它属于北方的细石器文化。吉林顾乡屯何家沟，曾发现人类用火的残迹[1]。

当时，吉林地区居住房屋主要都是深穴（竖穴），后来又发展半穴居。房屋平面有圆形与方形两种，这种式样的房屋普遍存在，从吉林永吉以东至延边朝鲜族自治州的广大地方，居住房屋式样全部相仿。如吉林城北土城子房屋遗址，圆形房屋很多，房屋遗址中有残壁，有火炕的遗迹，在该地附近出土有骨骼、陶片、石刀、石斧。也有的穴居内，用火将穴壁烧烤坚硬，壁面相当坚实。又如吉林江北长蛇山于1957年发掘6～7处居住遗址，为半穴居式的房屋，有一座房子，东西长6.5米，南北宽4.3米，深为1米，它选在低坡的一面；此外还有西团山子、两半山、猴石山等地亦有穴居遗址，其房屋平面也有方形与圆形两种。在延边朝鲜族自治州汪清县百草沟安田间有一处原始房屋遗址，平面圆形，仍用火烧过壁面，用白灰泥涂抹地面6～8厘米，这些与黄河流域同时代的做法相近似。另在延吉市内小敦台附近也发掘了许多穴居居住遗址，形制以圆形为最多，规模都比较小。

近年间在吉林松花江北莲花泡与土城子等地发现了居住遗址及生活设施[2]，通过这些可以想象当时人们的住处和生活简况。

以后的各时代由前期的小聚落，渐渐结成大部落，也都以穴居为主要居住方式，如：肃慎、扶余、高句丽、渤海以至契丹女真等皆是，数千年来过着渔、猎、耕、牧不同的生活，但是人们居住了很长时期的穴居。他们的居住方式，主要用竖穴。竖穴式样，自地面向下挖土，上部口小，下部扩大，冬天内部特别温暖，就像吉林现今之白菜窖的式样。肃慎古时山林是极其丰富的。他们的建筑也是根据气候的不同而冬夏各异，但是主要的是用竖穴方式来居住。《山海经大荒北经》载："穴地无衣，衣以猪皮制作……"；《晋书》"居深山穷谷……夏则巢居，冬则穴处"。

挹娄原地处长白山以东，居住很深的竖穴，直上直下用梯子出入。自汉到晋的时代，在今天的长春、农安、郭前旗、扶余县一带，建有扶余国。他们经常与后汉往来，学习汉文化，为汉之玄菟郡。

---

① 冯家升：《原始时代的东北》。
② 吉林市博物馆曾发掘之原始居住遗址。

图3　吉林江北土城子古代房屋遗址

在当时建筑也有城的建设，城作方形12公里，城内建有宫室、仓库、牢狱。民间居住建筑为穴居，穴亦做深穴。据《后汉书东夷传》："扶余国在玄菟北千里，南与高丽，东与挹娄，西与鲜卑接，北有弱水、地方二千里……"。

小越平隆《满州旅行记》载：其城城周以圆形木作为城栅，也有宫室和仓库的建筑。《钦定满州源流考》"夫余有宫室、仓库、牢狱，作城栅皆圆"。如《历史与考古》第一号载："瓦当一存约全当1/4，正灰色质细而坚，面存宽缘及"长"字，大部分与辽阳、抚顺出土的汉当同式，非高句丽以后各朝所有。"由此也可以得到证明。

勿吉是一个小的附属部落，位于肃慎的境域，就是今天吉林东半部，相当于北魏时期。当时的居住情况据《隋书》记载："其地下卑湿，筑城穴居，屋形似冢，开口向上，以梯出入"。

图4　从敦化县黄泥河山区看青房（马架子）可推想古代房屋情况

图5 林西县一地住宅（半穴居）

高句丽时代的建筑遗留有宫室遗址、宗庙遗址、华表石柱、方形大碑、墓葬……当时建筑活动很多住宅建筑有"婿屋"的制度，《太平御览》："婚姻之法女家作小屋于大屋后名为'婿屋'。婿暮至女家户外，自名跪拜，乞得就女宿……"。在城市以外的人多居于山间，如《太平御览》："……其人皆土著，随山谷而居……"。又据《唐书》："其所居依山谷皆以茅草葺舍，唯佛寺、神庙及王宫、官府乃用瓦。"并在屋内已有火炕的设置。

渤海国附属于唐代，一切采用唐代制度。国人习俗善于歌乐作舞。《满洲源流考》："渤海富家往往为园池，植牡丹多至二三百本，有丛生数千，皆燕地所无"，完全看出该时住宅造植园林的情况。书中还记载，屋皆就山墙开门，民间住宅大部分为穴居。

契丹人建成辽国、女真人建立金国，蒙古族建成元朝，吉林地区为其所辖。《契丹国志》："契丹五节度，熟女真部族，皆杂处山林，尤精戈猎，有屋居，舍门皆于山墙下

辟之……"。契丹当时的居住建筑，据沈阳博物馆《历史与考古》（第一号）："居住址一东团山子附近为多，出土兽面花纹瓦当，外缘宽而薄，中央兽面凸起，样式花纹皆辽代特有之形式"。后来阿骨打兴起，领导女真人民。建立大金国。当时居住建筑，据《金史》："女真俗以桦皮为屋。"献祖乃徒居海古水，耕垦树艺，始筑室有栋宇之制，人呼其地纳葛里（纳葛里汉语居室也），自此遂定居于安出虎水之侧矣"（安出虎水即今之阿什河在黑龙江省阿城县）。又《北盟会编》："其俗依山谷而居，联木为栅屋，高数尺、无瓦，覆以木板或以桦树皮或以草绸缪之，墙垣篱壁率皆以木、门皆东南向，环屋为土炕，炽火其下，寝食起居其上，谓之炕以取其暖"。《满州源流考》："其人无定居，行以牛负物，遇雨则张革为屋"《南史扶桑传》："筑土为墙，其形圆，其户如窦"。

蒙古族建立元王朝后，吉林隶属于开元路。在居住建筑方面都利用当地材料建筑土屋，构造不坚固，因此今天

图 6　永吉县九座乡一宅半穴居（地窖子）外观图

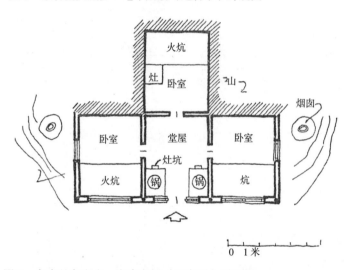

图 7　永吉县九座乡一宅半穴居（地窖子）平面图

的实例很少。从所遗留在辽南一带的古庙来看则都采取砖石构造。另外一些边远地区仍逐水草而居，建立草屋，挖筑竖穴。

在考古发现的实际材料中，屋瓦：分为板瓦、筒瓦两种。也有不同花纹的瓦当。房屋基础据知道的有长方形的石柱础，尺寸比较大。有的房屋平面进深至 7 米左右，宽 30 多米，墙壁大致用土夯筑。这可能是官府或上层统治者的居住情况，一般老百姓则只有很简陋的草泥房屋。

17 世纪中叶明朝兴起后，吉林是女真人所居住的地区，他们居住情况应该和清初吉林民居一样，不过不如清代完备而已。

第三章

满族居住建筑

明代中叶以后，女真人的后裔，在东北地方扩大势力，至努尔哈赤于建州卫建立政权，向四方发展，征服少数部落，领土日广，形成后来的清代封建王朝。吉林地区正是清朝的发源地，三百年来，住宅建筑不断发展，并且由于汉、蒙古、朝鲜等民族的杂居，在建筑上互相影响，又增添了许多内容。

　　据统计在全省共有满族三十余万人，他们现在的居住地区比较集中在松花江上游一带，以吉林乌拉（吉林）、布特哈乌拉（乌拉镇）为中心，南至桦甸、磐石等县，北达法特哈门（满语巴颜额佛罗边门），地域面积约 6 万平方公里。据《吉林府志》记载："吉林本为满州故里，蒙古、汉军错屯而居……然满州聚族而处者，犹能无忘旧俗"，在居住建筑中仍能保持民族固有遗风。

　　清太祖努尔哈赤再传至福临（清世祖、年号顺治）率军入关后，当时居住在吉林乌拉的满州部族尽量编旗入伍，入关转战江南，统一中原，成功以后这批官兵多以战功升至将军都统、提督等高级职位。因原居吉林乌拉一带，故退役后，仍然回到故乡居住。因此，吉林官宦大宅建筑甚多，并有将军祠堂十余处，迄今仍然存在。此外，文职官员如尚书、侍郎、左都御史等也多在老家建筑第宅，所以这一带的大宅是比较多的。

　　吉林又名"船厂"。这个地方盛产木材，清顺治十五年（1658 年）为防备俄罗斯侵犯曾在这个地方用木材建造战船，"船厂"之名由此而来。沿江土地肥沃，适合农耕，因而由于农工之发展，促成经济繁荣。

　　清时吉林设有将军，为最高统治人物。此外军、政、商界尤频繁往来于京师之间，各有营运。又因清嘉、道以后凡旗官之协领、佐领、均由京补放，其子孙遂遗居立户。这又因政治上之原因，而增长经济上之繁荣，同时给吉林的建筑带来了京师的风格。因此，今日之吉林居民的风俗习惯，与北京多有类似之处。

　　满族官宦大型住宅多半建筑在城镇，集中于吉林、乌拉镇附近，据文献所记："清初为了优待八旗，往往各授以田园及住宅使为养育妻子之需，此所受之田园即所谓旗地"。这些旗地多在城镇附近，至于向来从事耕作的满族农民住宅，则散居乡村。

图 8　永吉县乌拉镇正街全景

第一节　居民街坊

一、城镇街坊

据《吉林旧闻录》："满州古为城郭射猎之民族，与蒙古之逐水草迁徙者不同，故吉林省古城之遗留至今者不可胜数，犹有婢觎巍然，基址尚在，或废垒颓墙仅存隐约，而十有八九皆累土为垣……"这些在今日的吉林各地随处可见，但多荒烟野草而已。

吉林船厂是满族官宦住宅集中建设的城镇，数百年来向为满族人民栖憩之所。这个城市的发展极为自然，不像北京、长安、洛阳等都城有方整完美的规划。吉林是随着封建经济的发展利用自然地势而形成。它是一处平地很少的多山地区，所以街道的布置不是规正的，而是随着大江弯曲自然发展而成。四周群山环列，北部有名的北大山、玄天岭、望云山等连成一大屏障；南部远山相连和丰满遥隔，地形较为开阔；西及西南是祭祀长白山神的小白山，满语谓之"温德享山"清雍正十年（1732 年）在山上建望旗殿五间，祭器楼二间，牌楼二间，至今均已拆毁；东

图 9　吉林龙潭山进山处木牌坊

部为龙潭山诸峰横列，松花江曲折，流贯其间，称为天然胜境。试登龙潭山顶远望吉林，但见松江如带，风景幽美，真不愧为秀丽的江城。吉林城垣建于康熙初年，城的形式为弯曲形体，东、西、北三面建有城垣，南临大江不设墙壁，形势雄伟。城墙宽约 4.5 米、高 6.5 米，墙顶作平直式不建垛口，建筑材料用大型方砖。城辟九门：临江门、福馁门、德胜门、北极门、巴尔虎门、新开门、东莱门、致合门、

图 10　吉林市通天街街景

北新开门（此九个门，有几个是后来陆续开辟的，原筑城时没有九个门）。城门做砖垛方柱式无城楼及瓮城，日本帝国主义侵略时代已将城墙全部拆除，目前仅存巴尔虎门一处。城东部分叫作东关，是木材集中地，附近房屋也是近几十年来建筑起来的。城北是北关，为菜园所在地。北极门、致合门为回族聚居地带。西关和中心部为满族聚居之地，城西南的红旗屯、蓝旗屯是满族旧有村庄，相互毗连沿江而居。城内的主要地方都是八旗住宅，汉军、蒙古族也杂居其内。街路布置和街坊虽不规整，但亦沿袭元、明、清时代"大街小巷"的布置方式。大街为商店街，小街（胡同）为住宅街。街坊的宽度就是胡同与胡同的距离，也就是两个住宅宅地的长度。因此，都将大门设在路北向南，或路南向北。吉林的大街是由河道河床形成，因交通量大自然宽广，但和胡同相同都有不同程度的弯曲。小胡同是住宅街坊的通道，其宽度仅可通行单排车辆。在封建社会里建造住宅时都有迷信的思想，将自家的院墙大门比邻家的院墙大门向前凸出一些（约0.5米），所谓"压人一头"而能有阳气，因此，住宅前端的建筑线步步向前，而形成相同的弯曲状态。清代遗留的住宅胡同在北京这样的例子就更多了，但没有吉林胡同弯曲度大，同是给街坊的规划造成不整齐的感觉。吉林白旗堆子胡同住宅建筑线一宅比一宅向前凸出形成胡同的弯曲以此为甚。这些胡同的方向主要都是东西向，住宅于两侧紧密连接。胡同间南北的街道很少，间有通道，主要做过街通行而已，其中很少有较大宅门，有大门的也多开便门，这些小巷的特点非常幽静，没有车马的喧闹声，最适合于居住休息。另如吉林西关前新街是较年久的一条住宅街，大墙和宅门都用木板制作，形制甚为调和，其格调和式样有浓厚的满族建筑风格，是满族特有的住宅街。最宽的住宅街应为通天街了，它横贯城内的中心，街道长而宽广，相当于两个胡同宽度，大宅栉比，南北相望。吉林街道的形成很自然。城内房屋甚为稠密，城外则比较疏稀。

同治以后建房人家，以建造正房五间、七间者为多，厢房建筑甚少，这些房屋除自用外多半出租。吉林西关一带这样房屋数量很多，宅内空地大部分辟为菜园。总体看来大部分是一家一宅为单位，占用面积很大。根据通天区30户住宅的统计数字，最大宅院面积在3000平方米，最小在900平方米，平均为2000平方米左右。

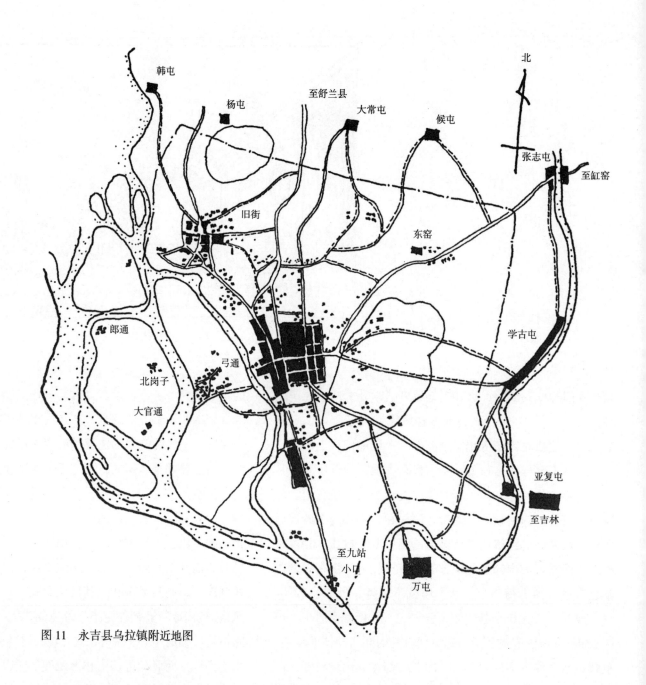

图 11　永吉县乌拉镇附近地图

乌拉镇在永吉县的北部，是商贾云集的地方，为旧布占泰大贝勒所居的故地。西滨松花江，东邻张广才岭，南隔 35 公里与吉林市相望，北为沿江大平原。全部地带为松花江流域的平原，其地土质肥沃，适于农耕。乌拉全城做方形，东西南北各开一门。沿城有护城河围绕，城墙用夯土版筑，年代久远，墙土已散失，目前已成为颓垣。城内有十字大街，街路宽广，商店建于大街两侧。住宅小巷，东西排列，构成"大街小巷"的布局方式。因为先规划街道，居住用地十分方整，每宅沿路建设宅墙，大门排列整齐。乌拉镇住宅绝大部分是三合房，一家一宅广阔异常，每宅又设四脚落地大门相互接连很为调和，次序井然，大有我国古代城市大街小巷的布局式样。

图 12　永吉县乌拉镇远景

二、村屯街巷

满族常聚族而居逐渐形成村落，"村"本是乡民聚居之地，但满州地方则多称为"屯"。如杨屯、韩屯、关屯等都是以姓氏来当作屯的名称，如白旗屯、红旗屯、镶黄旗屯等都是以八旗名称来作屯的名称；也有的将地方的山、沟、水等的名称来作屯的名称。屯字的来源是清初屯田为生，是为屯的开始，嗣后世代相传一直将村称之为"屯"。它的形式是原来由三五户人家屯居而耕，逐渐加入新户及人口繁殖，遂成为今日的大屯子。目前存在的屯，都是由三十户人家至八十户人家的住宅所组成，最大的也有几百家的大屯子。它的地势选择也是很自然的，多半在河、江、湖、沟的沿岸，或山冈前面的向阳地带，也有的在主要道路的近旁，这都是和生活方便有直接关系的。屯的前后空余地带，植以树木。以资防风和调节空气。屯和屯的距离都在 15～20 公里左右，屯内街道一般的有两条或三条，由于正房的排列东西方向很长。再稍大一些的乡镇在主要的街道上有商店，没有商店的街就是以住宅大门面对大路。街道一般做土路，因年久失修，当地大铁车轮压轧兼之雨水冲刷已成深沟，诚如俗谚所云"多年的道路轧成河"的情况，屯内当地都称为道槽，如北道槽、西道槽等。屯和屯或某几户人家之间如走较直的人行路可以缩短距离，一般叫作"毛道"，也有的道路是专为耕地时而用，平时行人很少，因之生长地方植物如马蔺等，叫马蔺道。总之屯

图 13　乌拉镇一住宅外观

内的道路是比较通顺的。屯内的庙宇建筑一般都有一处或两处以上，其位置在屯的中心或在村端，其规模都是一个院，大的也有二个至三个院，绝大部分是清代的建筑。其构造是采用清代的官式和地方相结合的做法，这些庙宇主要的有关帝庙、娘娘庙、土地庙、城隍庙等。民国以来将这些庙宇房屋多辟为小学校或其他公用建筑。村内庙宇就是村内的公共建筑，一般在这些公共建筑的前面都有广场。广场的形状很不规整，有的为长形，有的为方形，都成为村内集会的地方。较大一点的城镇都利用这些广场作为集市，定出日期进行商品交易，同时也利用这些地方为集会之所，这在今后新村规划时可以借鉴。

图14　永吉县杨屯一住宅外景

农村总体的布置，是由各户人家盖房的先后顺次形成的，式样是向自由式发展，但是也有一些固定的规律，就是采用向阳的方向，因此房屋都成横排，形成了明显的行列。屯的形成都是长方形，例如永吉县北兰屯的街道网就是 ≡≡ 形，杨屯是 =+ 形、汪屯是 ﹦ 形、卢屯是 +﹦ 形、学古屯是 ≈≈ 形。都是很明显的长条形状。东西方向有很长的街道，最长的约 1.5～2.5 公里，南北不足 2 公里，它是和内地的城镇规划布置不同的。

第二节　城镇大型住宅

满族住宅，建筑在吉林与乌拉一带有悠久历史，大型住宅的数量很多。其中一部分是退职后的官员乐于安居故乡，以建造住宅为荣，从而选择了住宅地址（当地称为房场）建造房屋。例如吉林的红旗屯、黄旗屯、兰旗屯以及西关、北关、通天区的白旗堆子，兰旗堆子等处均为旗人住宅的集中地，宅墙相连，大门枇比，异常规整。乌拉镇各住宅胡同内都有红柱大门外露当地称呼为"四脚落地大门"，这也是旗人住宅特有的形式。它是充分地根据当地的自然条件（气候、材料）及经济情况而建成的，并且在艺术造型上和平面布置上吸取了汉族手法，再同地方手法相结合，形成地方的特殊风格。

一、住宅总平面

住宅的总平面大部分是前后长两端窄的矩形，也可以说是纵长方形，一般的面积在 1500 平方米左右。宅和宅的分隔均用大墙（宅墙）相隔，大墙每面都和房屋建筑有较宽的距离，房屋在院子中间布置松散。厢房布置躲开正房，而不遮挡正房的光线，一旦正房间数多，则院子就更空旷，因而普遍来看院子较为宽大。它采取这样散松的布置，一是因为东北地区土地广大、人烟稀少，建宅时可以多占土地，另外也是因为冬季寒冷，厢房躲开正房可以使正房多纳阳光，如果厢房挡住正房则室内无光而阴暗寒冷。

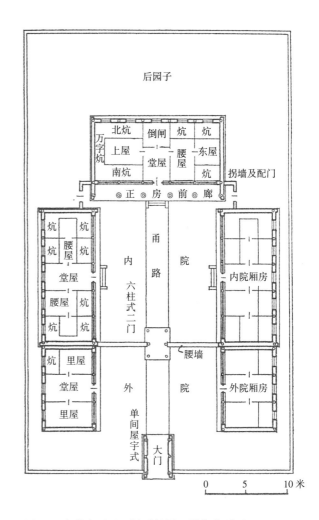

图 15　吉林市通天区局子胡同 9 号住宅平面

又据《吉林通志》所载：清光绪十六年"本年三月吉林省城牛马行不戒于火，延烧官民房屋 2500 余间……将军住宅拟另行择地重修……住宅近市湫溢嚣尘，以致被火延及……此地不利拟另相善地或于宅后及左右两房多购余地方免连累……"，因为这些原因，住宅用地相当宽大。至于房屋布置的规律，采用我国传统的制度，其形式早已形成，如《白山黑水录》所载清光绪末叶布置情况"满洲房屋构造之制，南面设堂、设中庭、左右为厢庑，前面为客屋，外设衡门，积砖为墙，室中有炕"，今天的布置仍然相同。

现在根据当地住宅现存的情况来划分，主要可以分三合院、四合院两种类型。

●三合房式平面。三合房是以正房为中心，由两组厢房组成。两厢的距离以正房的长度为标准，形成中间的院子。因有内院厢房，外院厢房的区别，因而院子的形式略成为长方形，其中间以二门腰墙或用一字影壁划分而成两个院子，称之为前院或内院。在内院，正、厢房之交接处用拐角墙相连，即构成完整的内院。三合房式住宅布置，

因前端无房，开单间屋宇型大门，或者是四脚落地大门，面对宅的正房。四周用大墙（宅墙）围绕。这类布置的优点是院子的前方开敞，采纳阳光，院子内部又可以通风，而使院子成为主要的活动中心。例如：吉林市通天区局子胡同住宅，内院的三合房各做五间称为五正五厢，构成完整的内院。外院两厢俱为三间，作佣人居住，院子成横方形。大门、二门全在宅的中轴线上，是一处很舒朗宽广的宅院。永吉县乌拉镇某宅，从平面上看，内院正房三间，厢房各三间，外院厢房也是各三间，前后院子都非常宽广，坐地式烟筒并列在正房两旁，使全院完整无缺，雄伟壮观；

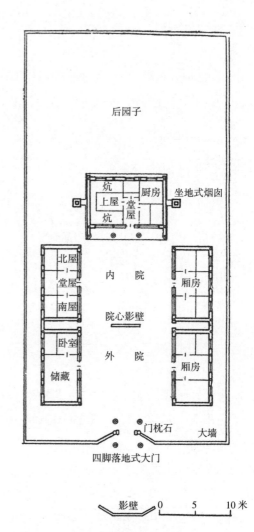

图16 永吉县乌拉镇胡宅平面图

外院厢房和内院的厢房以廊洞接连，收藏物品很方便。内外院采用院心影壁来分隔。用影壁既能分隔，又能遮挡，这是一举两得的，也是满族特有的做法。南面墙中间做四脚落地式大门，门外又做雁翅影壁，都在一个中轴线上，全院布局通透疏朗，后园宽阔，果树满园，房屋具有满族住宅的特征。另外永吉县乌拉镇住宅，为四合院房式布局。采用四角落地大门一座，用院心影壁分隔内外院，形成正方形。采用五正六厢，除正房外，厢房不设游廊，内外厢房之间留有空隙，不设廊洞。正厢房之间用"风叉"连接，院宇完整，房屋周围疏朗。这是一处完美整齐的宅院。另外如吉林市昭忠胡同二号住宅，是三合院的布置，正房三间厢房各三间，并在厢房前端加建小耳房。院心紧凑，亦设院心影壁于中间。在它的后部有后正房五间，因此形成屋前前院和屋后后院，使全宅前后拉得甚长，是大家族聚居的例子。这个院子除了后正房带有前廊外，前院各房都有木板雨搭，是吉林满族房屋典型的构造形式。

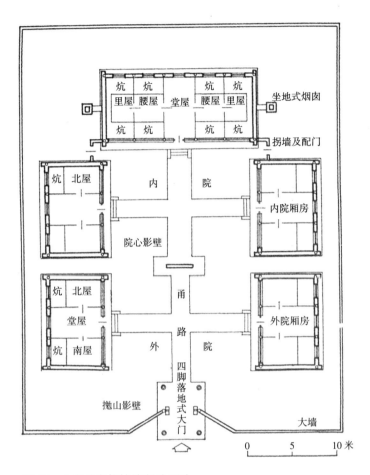

图 17　永吉县乌拉镇关宅平面图

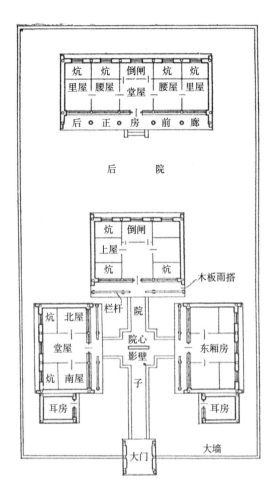

图 18　吉林市昭忠胡同 2 号那宅平面图

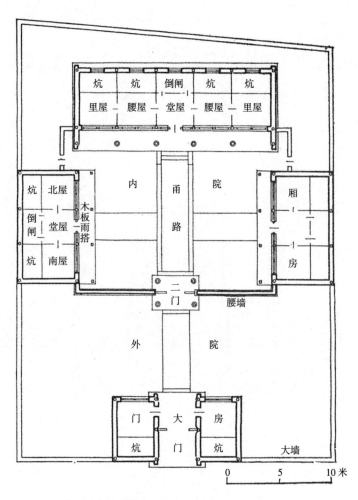

图19　吉林市诚勇胡同8号王宅平面图

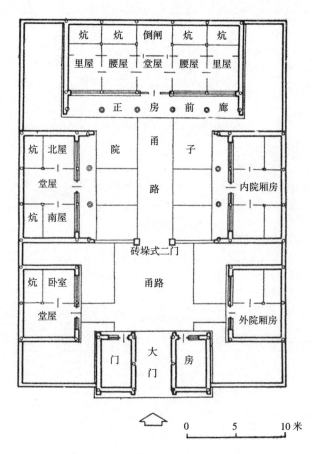

图20　吉林市向阳胡同5号吴宅平面图

● 四合房式平面。四合房式的房屋平面布置较比三合式更为完整和周密，房屋间数多，构造坚固，有局部装饰，极为精致，这说明原主人有一定的经济力量。它的正房布置都有前廊，一部分厢房也做前廊。其相互关系和三合房式平面相仿，完全采用对称式依正房为主的布局方式。内院房屋之间以回廊通连，美丽精巧，变化多样。大门、二门也都建筑在宅的中轴线上，在前院（外院）有的配属厢房，也有的保留空地而预留以后建筑。它不像北京的四

合院做得封闭严密，檐脊接连的小院子四周无通风和纳入阳光之余地。

如吉林市诚勇胡同8号住宅，做屋宇式大门三间，外院不建厢房而使外院空旷预留出建筑的位置。其正房五间带有前廊，厢房各三间使间数减少，院子成为横宽形，其目的是要使阳光照射更为充分。吉林市向阳胡同五号住宅平面布置也是如此，仅在前院各建两间厢房。另外是吉林市诚勇胡同3号住宅和前者布局相同。内院正房三间厢房

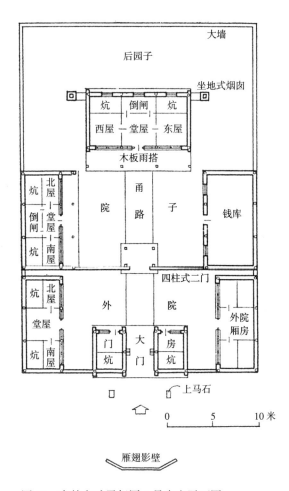

图 21　吉林市诚勇胡同 3 号李宅平面图

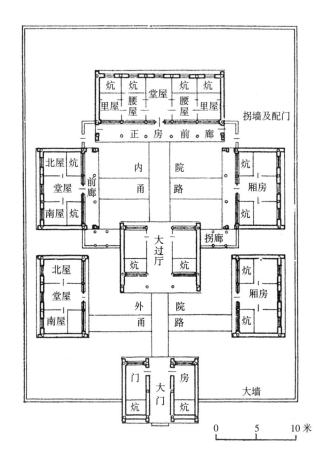

图 22　吉林市通吉胡同祖宅平面图

也各三间，东厢专为作储蓄金银使用的钱库，外院加建矮小厢房各三间供放置什物，因而使得外院紧凑，房屋关系的处理宾主分明。吉林市通吉胡同住宅在二门的位置建设房屋三间，中间辟为过厅，前端带廊。因此，形成两个四合院，内院正房五间厢房各三间，各房都带前廊，在院子的四角建设回廊，内院极为完整。前院东西厢各三间，院子较为狭小。

以上各宅均采取同一的规律性布局方式，基本上都有共同的手法，但细小部分也有不同的处理方式。除此以外，将大门建成五间的四合院如永吉县乌拉镇住宅，正房五间，内外院厢房各三间，庭中置以院心影壁，其布局的完整和房屋的配列是一处大四合院，同时宅后和宅旁都有余地。另吉林西关八大家关宅做成圭角形平面，以十九间房屋围绕而成，院内四周回廊连接，南方建三间屋宇式大门，成为完全封闭式的院子。大门两侧不建房屋，以游廊连接是较特殊的方式。另外在乌拉镇地区建设套房的人家很多，套房比主房小，且建置在外院。套房本身矮小多半用作储藏之用。官宦人家的住宅规模较大，布置成一至三个院子，并在宅的最后端开辟花园，叠石种花以供家人欣赏。再大型的住宅其布置方式也是和四合院的建筑式样相同，以中轴线为主来布置房屋，不过它是由许多四合院组成。

如吉林局子街达贵住宅，利用不整齐的用地面积布置成规正的房屋。宅前为了仿照北京式样开"巽"门，所以建沿街房数间，最东的一间作为正门。进门后有影壁遮挡，有较广的前院，两侧带有小厦（耳房），东西各建三间厢房，前为三间过厅，这四合式的房屋均有回廊相连紧凑异常。后院又加建五正六厢房屋，也是一处较完备的院落，其最后大墙开有后门，以备平时出入。原于京师侍奉西太后的恩祥住宅，在吉林市顺城街，其规制也是五正六厢的大四合院。门房建成五间，院内宽大而舒朗、后部留有庞大的后花园，栽植了较多花木，在花园的东侧建有两层带廊的秀楼三间以供家人登临眺望之用。前后房屋宽大举架高昂，有气象森严的感觉。特别是各房都做游廊用挑檐式的檐子承担两端，没有廊墙不经二门也可出入，是环屋游廊的特点，这是一处规模较大的住宅实例。

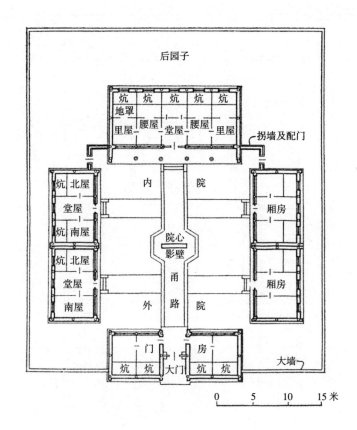

图 23　永吉乌拉镇迟宅平面图

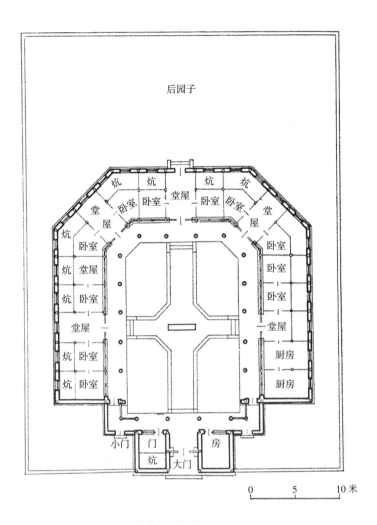

图 24 吉林市西关八大家关宅平面图

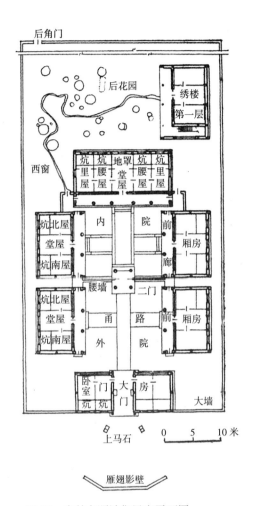

图 25 吉林市顺城街恩宅平面图

经过笔者的调查得知满族大型住宅的布置多沿袭过去的地理相宅书刊而定，依据其中的说法来进行布置选定房场。例如：各宅的东西厢房相互间距离，都是前端稍窄而后部稍宽。另外正房宽大，配属房屋稍稍低小，由于旧礼教的束缚，主人长辈住正房，晚辈儿孙住厢房，住房子有尊卑长幼之分。例如正房的布置都有大的进深和高大的举架，前端带有前廊；两厢规模稍次；外院的两厢就更简单了。有一套主次分明的关系。地形如果倾斜房屋布置要正。总之，采用这样布局主次之间相差悬殊。

总平面布置的特点，是宅内的房屋互相都不连接，每个房屋都作为一个单体出现，是各自分散的，由拐墙和腰墙的连接才使之归纳成一组整体。每户住宅的用地面积过大，特别是住宅的后部空余地过多，可以种植蔬菜，但有些未能利用的人家已使之荒废无用了。由于单座房屋间数过多，因而房屋距离较远，院子的面积广大，比较浪费土地。因为院子过大所以建设二门和腰墙用它做分隔，为了节约有的人家不建二门和腰墙，只建院心影壁也有同样的效果。另外的一个主要问题是厢房过长，过多使院子形成很长的长方形，房屋光线不足而不适用。因此，纵长方形的住宅布置是不合使用的，特别是不符合集体居住之用。

二、庭院各部分的做法

● 墙　庭院内的墙，根据不同的用途可以分为外墙（宅外墙）、腰墙、拐角墙等三类。

外墙是住宅院落的主要组成部分之一。就是每一所住宅的院落，沿宅地边缘都用高墙围绕起来，成为一处完整的空间。外墙的功用是用来划分宅的境界，区隔宅的范围，用它标示住宅的长度和宽度。另外是防止外人随便出入于院内，以影响安适的休息，使居住宅内的人得到安静和安全的生活环境。它的规模很大，高度为 3～4 米、厚度为30～90 厘米，不甚相等。一般的土墙上薄下厚以保持稳定。城市住宅墙用青砖砌筑较多，其基础则用石块砌

图 26　吉林市三皇会胡同一宅大墙拴马石

筑以防止湿气上升腐蚀青砖。这种墙从表面看很雄伟，但其缺点是墙体很长，又无墙垛，年久易弯倒。如果做砖墙时能采取北京的办法利用旧碎砖块砌，涂以壁心也是很好的做法。一般住宅前的外墙上镶砌带梁的石块以备拴马之用，谓之拴马石。吉林三皇会胡同住宅的拴马石，做工很为细致也算外墙面的点缀品。

腰墙，在当地也叫作花墙。它多半建置在宅的庭院中二门的两侧，功用是将空旷的宅院分隔成前庭（外院）和后庭（内院）。当进入大门以后不会看到内庭的活动，更能使内庭的环境幽静。因为每日都能看见它，所以它的造型和艺术处理精巧美丽，选用磨砖对缝的青砖砌筑。在墙的内外两面施以精工雕制，花纹图案玲珑秀美，也非常坚固。大宅的腰墙有很多透雕的砖刻，并在壁的中间部位做成漏窗，刻成各式的图案窗棂，取得明暗含蓄，玲珑有趣的效果。

拐角墙俗语叫作"风叉"。它是正房和厢房的缺口处相连接的墙壁。主要用途是分隔内院和后院（花园），同时又可以挡住自后院吹来的风。在墙的两侧装有墙门，俗

称配门。配门的装设也作为一项艺术点缀品来处理，是很华丽的一处。例如：吉林通天街某宅配门，门顶虽小，做出垂莲柱头、斗拱、雀替等，却很有趣味。墙面亦用青砖砌成，其构造颇为简单。较大的住宅将拐角墙做成廊子，配有方柱附装栏杆及各式花牙子，由宅的连接使正厢房屋形成一个整体的气氛。

● 庭　房屋布置以后，四面包围而形成的空间，也称院子。《玉海》："庭堂下至门谓之庭"。凡三合房式，四合房式平面的布置都有院子存在。它依平面的布置式样，而分别产生不同的类型。每一个三合或四合房就有一个院子，两个三合或四合房就包含两个院子。大住宅在宅后部配有花园，平常叫作后花园。如吉林恩祥住宅，大门和过厅之间是"前院"也称"前庭"，正房和过厅之间是"内院"，也叫作"中庭"，有人把后花园叫作"后庭"。另如吉林市局子街达贵的住宅亦分为前院、内院、后院三处。院子的功用是供家人团聚、活动、休息和放置杂物，其次也是出入正房、厢房的通路。在吉林市各宅院子内多半是土地。因此，出入各房的通路用青砖铺筑，俗叫甬路，也有的少数人家在院子内满铺砖地称海曼做法。在院内培植花草，树木等以供观赏和调节空气之用，花枝树影满列窗阶之间，绮丽鲜美正如《都门琐记》所谈："旗宅则依墙种葵花，下种锡膞，上下相映，望之甚绚丽"。吉林旗宅正与此相同。从吉林乌拉满族大型住宅来看，在宅的最后部都留有空旷的地域，作为果树园、花园或蔬菜园，一般称为后园。

院子里的甬路，都在对门的轴线上，布置成"十"字形或"廿"字形，南北方向是主要的方向，甬路较宽，东西方向较次之，其甬路亦较窄，它是门对门的主要通路。甬路的铺设不但行走方便，也重点点缀了院子的地面。其宽度一般在 2 ~ 4 米左右，在路的边缘处镶砌石条非常整洁，路心用小青砖砌以斜格纹、对角纹等，路表呈弧面。

在正房的前面也有设置大平台（月台）的。它的形状为正方形或长方形，一般是 3 米 × 3 米或 3 米 × 6 米，高

图27　吉林市通天街牛宅胡同赵宅"风叉"之小门（配门）

15 ~ 20 厘米，用砖砌筑。如以吉林乌拉镇某宅大月台与沈阳清宁宫大月台相比基本一致，说明这是满族住宅之原始形态。皇宫大月台也是来自民间。

● 台阶　布置在房屋前后台基与甬路的相交处。它比院心高 10 ~ 20 厘米，周边镶砌石条，当中铺砖心，其长度和甬路宽度相同。吉林市顺城街恩祥住宅内的台阶用汉白玉做成，在垂带石面上有卧狮的浮雕，甚为精致。一般

图28　吉林市江南区金宅院心内饰缸

图29　吉林市顺城街一住宅门枕石

则只用青花岗石而已，也有的用青砖侧面立砌，所采用的材料虽然不同，但其形状总是一致。台阶的使用范围很广，在住宅中凡有门的地方前后皆可铺砌。它是行走中经常接触的东西。因此，要做得整齐而坚固。

在院心内也有布罩饰缸的，用汉白玉石或瓷缸盛水，将它布置在院心正房的前端。如吉林市江南金宅采用汉白玉石的饰缸，缸面雕花，同时也可以用它来盛水做防火使用。吉林西关的一些住宅，则采用瓷缸的很多，下部用木架承托，内养金鱼以供观赏是一项雅致的点缀物。

●宅门　一处住宅之内有数处宅门，因位置和用途的不同它的名称也不一样。在住宅的中轴线上的最前端，即它的总出入口称为大门。用腰墙将宅院划分为前后两部时其中间的叫二门，两旁"凤叉"处的小门称之为配门，在它的后部大墙开通的小门叫作后门或后角门。

住宅大门，都是建置在它的中轴线上，两端和外墙连接，是一处住宅的外部表征。它是人和物出进的地方，同时也可反映住宅的规模。如在封建社会时只看"大门房舍"就知道主人的贫富等级了，因此大门成了住户人家财势的代表。封建社会对于修建大门极为重视，当建宅时对大门设计的要求，根据主人的喜好、住宅的平面布置方式和材料的情况而定。乐嘉藻《中国建筑史》所谈：大门分为两种，一为外垣之一部谓之墙门，三间五间之建筑用其中一间为门上宇下基谓之屋门。满族住宅大门也是采用这两种形式的。

屋宇型大门，俗称砖门楼。用在三合房式平面的最前端，就是独立式的门楼。两端连房的变成了四合房式的门房。门房的布置一般三间的较多，特殊的大宅也有采用五间门房的。它的做法和北京的屋宇型空廊式、柱廊式的大门相似，将大门的装修直接安装在金柱之间，使门房前后均有空廊。门扇下部有门槛，做成活动式的并且上安铁环，当行走车马时，可以将门槛摘下。两端的门枕用石材制造。前端的门枕石做成高大的狮子形，但比较粗糙，永吉县乌拉街某宅屋宇型大门三间，两尽间做六角窗并加饰花纹，屋顶则做悬山起脊式，造型古朴大方。此外，也有单间的大门，因为三合院内房屋高大，大门只做墙门感觉不甚调和，所以做成单间门楼。从吉林市通天街一住宅的单座大

图 30　永吉县乌拉镇一住宅砖门楼

图 31　吉林市粮米行前胡同住宅大门

图 32　吉林市顺城街恩宅大门全景

图33　吉林市红旗屯住宅三檩墙柱式大门

图34　吉林市一住宅木檐板搏风头雕刻莲花

门，简洁而壮观，在它的重点部分如螭头、脊头，做有装饰。吉林市顺城街恩祥住宅的大门采用硬山式铃铛脊，排山墙面开六角形窗子，也是精致的佳例。此外，也有三檩墙柱式大门。如吉林市红旗屯住宅大门构造简洁，样式高耸，房顶曲线较为轻快，是一个特殊的例子。

　　四脚落地大门，俗称瓦门楼，是乌拉镇一带满族住宅特有的式样。它在三合房的住宅内。因为宅前无房而需要宏伟庄严，所以做四脚落地式大门一座，以重观瞻。这种大门的构造主要是以圆形术柱支承屋上梁架，以合瓦压边仰瓦顶，悬山顶的搏风头刻出一朵荷花，形象生动。大门的山柱与住宅的外墙外面在同一直线上，进门的两侧做斜墙，形成八字影壁。前后四根明柱上下直立于础石上。大门扇安装于山柱中间，门扇中间镶木制小匾，书"吉祥"

等字句，梁柱之交用燕尾 ① 相连。比较秀丽，成为重点雕饰。四脚落地大门的构造简单精巧，特别是瓦顶、瓦脊的曲线，自然而有力，表现了地方建筑纯朴、硬劲的手法。永吉县乌拉镇的高宅瓦门楼，瓦顶两端各用灰梗三条中间用仰瓦铺砌，大清水脊两端上翘脊头花纹做透雕龙饰，显得十分秀美。抛山影壁的壁顶也做仰瓦顶，和大门格调调和。永吉县乌拉街魁宅瓦门楼，在抛山影壁的地方装设两檩小门并施以商店建筑的"洋门脸"，是后期添加的烦琐装饰。乌拉镇另一住宅四脚落地大门楼，采取五檩五枕 ② 的式样。

---

① 燕尾：似雀替，尺寸较小。
② 枕：檩下的圆木构件，起拉结柱和梁架的作用。当地民间术语。

图35　永吉县杨屯住宅四脚落地大门正面

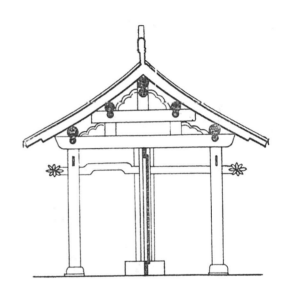

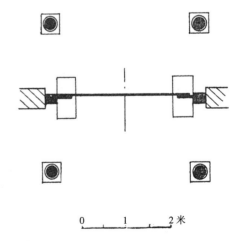

0　　1　　2 米

图36　永吉县乌拉镇四脚落地大门实测图

图37 吉林市北关某宅木板大门式样

木板大门，俗称板门楼，是墙门的一种形式，也是由于三合院前端有大墙形成的大门。它是因木板障（木板墙）的产生而出现的，其两端和木板障相连接，十分协调。满族人很早就开始制作这种大门，它的构造很精巧，充分运用了地方材料——"木板"。这样的大门有两种类型：一种是 $\sqcap\sqcap$ 形，两端有小门，平时出入的人走小门，到了婚丧嫁娶喜庆聚会的时候大门全部打开。也有的在小门处装设板心形如屏风不能开动，专为装饰而用。另一种是 $\sqcap$ 字形，只有一座木板大门而无旁门的设置。吉林西关的住宅一字形木板大门，是这样的大门代表形式。以上两类大门均用于普通人家。木板大门就是古时候的衡门式样上部加建了板顶，并在脊头，山坠等处都有精美的木雕刻，涂饰五彩。由于这几处的装饰更增加了木板大门的艺术性。

如吉林市北关正黄旗胡同住宅木板大门就是如此形

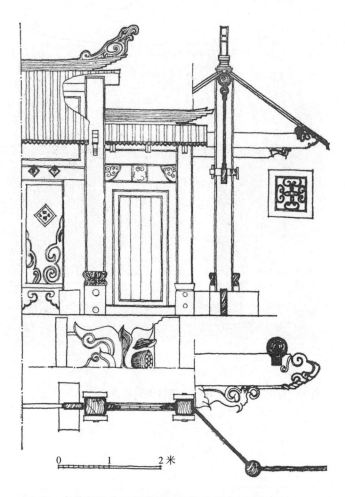

图38 吉林市北关正黄旗胡同某宅木板大门实测图

式。它的全部重量是由两根木柱支承；另如西关某宅是一字形小式木板大门，和木板障连接也表现一种朴素大方的风格。木板大门的色彩，使用朱红，只有门顶两坡刷黑色。

光棍大门（衡门），这是满族固有的式样。它构造简单立木柱二根上架一檩、一枋，均用圆木。永吉县北兰屯某宅的大门就是这种形式。这种墙门在吉林地区从城市到乡村使用最广。

以上几类大门，走马板很高，脑间地位很大，留做挂匾的地方，很多人家于此悬挂金匾，旁列对联，更增加了所谓"官宦门第"的气味。在各式大门的门扇上都使用门

图 39　吉林市西大街住宅小式木板大门

图 40　永吉县北蓝屯住宅光棍大门（衡门）

图 41　吉林市通天区向阳胡同住宅大门环

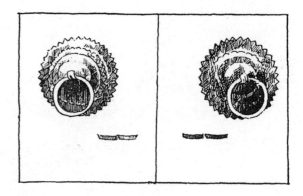

图 42　吉林市通天区富余胡同住宅大门环

图 43　吉林市俱乐部胡同住宅二门

环。门环用金属制作，有各式花纹，形象比较美观。如吉林市通天区向阳胡同住宅的大门环选用兽面，口衔铁环，极为生动。吉林市二道码头一住宅门环做成正圆形花边，门环亦做正圆形，极为光滑，这些都是沿袭我国汉唐古制。

　　二门是院内腰墙的门，它的位置一般是在院子的中心偏向前部。因为在大门的后部，故称之为二门。二门的修建主要是因院子大，人居其间不甚紧密，所以增设腰墙才有二门的建造。二门除了出入的功用外，因在院内的中心，由四处皆可望见，每日常常看到，故多建筑得玲珑小巧又很精致，渐渐地成为宅内的一项装饰品。此外，由于我国过去的习惯所形成，当进入大门以后不得直接窥见正房，需经二门以后再走进正房，表示出含而不露的设计思想。二门的类型分为二柱式、四柱式、六柱式三种。二柱式用砖砌成方垛，二根同柱状，柱头叠砌无横梁亦无屋顶，是最简单的。四柱式是用四根柱来支承屋顶故谓四柱式。首先在方形的台基上立方柱四根支承梁架以及卷棚的屋顶，看起来屋顶高昂并重点地增加几处雕饰，可以减去单调的感觉。吉林市通天区俱乐部某宅的二门造型宏伟，屋顶高昂，其铃铛式的排山又很别致，具有浓厚的地方风格。六柱式，台基较宽广，增加山柱二根紧贴在腰墙的端部，其余构造和四柱式相同。

二门的构造繁简分明，如檐部及梁架工巧细腻；柱身和台基则极简单。"官宦"人家在二门的门簪上端悬匾及两柱挂对联，炫耀个人的名望。

在二门屋檐的转角处，增设元宝石以承檐角的雨水，既实用又做装饰之用，可起到保护墙角、柱角之作用。

角门：一般叫作后门，它开在大住宅中后墙的端部，通过它出入房后的花园、菜园，也用它为必要时的出处。

● 影壁　满族住宅的影壁和全国住宅的影壁大体相同，一般是把它建置在大门的外部。面对大门中心，是自宅内外出时必能望见的地方。它是做好遮挡用的一堵墙壁。在封建社会里由于迷信，当出入大门时看见了邻家的烟囱、脊头等（乡村住宅可看见坟地等）心里不甚愉快，恐怕增加精神上的烦恼，因此才建立影壁遮挡。除此之外它还为了维护内部尊严，以防止不速之客的径直入院。大门两侧有东、西两屋，住着仆役，由于影壁一隔正面来人必须经过东、西两屋。

住宅大门、墙垣等采取同一的材料很调和。例如：当大门的构造全部用砖瓦时，外墙也用砖墙相接，则影壁也是用砖砌成厚墙，上覆瓦顶；大门大墙用土筑时，影壁也随之采用土筑；木板大门、板障子的住宅，其影壁也建成木板影壁，这充分说明有明显的规律性。

砖影壁，如吉林市江南金宅大门外影壁，它的形状是一字形的，一高两低式，长 10 米、宽 1.0 米、高 4.5 米。壁座以条石垫底，砌成简单的基座，高 1 米左右；壁身平直做三个壁心，中间的雕凸起"鸿禧"二字，四角雕花边。

图 44　吉林市北极门外住宅砖造抛山影壁

两端的做透雕方砖、图案细致。壁顶作筒瓦滚脊式，檐部椽飞俱备，亦用檩和枋承担，椽头以下有垂莲花边作为装饰。上下则有极细致的雕刻，具为砖作。它的体量和房屋相同，高大而厚重。又如吉林市大榆树胡同某宅八字影壁，做得窄而高，古朴有力。吉林市顺城街恩宅的砖影壁是由京师特聘的工匠雕刻一年有余，影壁下部雕刻有九出戏，其雕刻之精与技巧之高，行人无不赞赏。它是吉林地区住宅中最华丽的一堵影壁。

土影壁为城边或乡村的住宅所常用，因为乡村住宅的墙垣用土制作，所以影壁也随之用土。永吉县汪家某宅土影壁，是具体的实例。壁基采用毛面石块垫底，壁身均用草辫加泥砌筑，壁心做方形抹白灰的壁面，壁顶光脊仰瓦

图 45　吉林市杨屯住宅土影壁

和房屋做法相同，所以不怕雨水冲刷。这个影壁运用了地方材料，取得了一定的艺术效果。这类影壁的构造简单，其外形尤其是壁顶和当地房屋一样，体现了明显的地方建筑技艺。

吉林北部平原地带的影壁，也用版筑，上面不做壁顶，吉林永吉杨屯一带此种做法很多。

木板影壁：是吉林满族特有的建筑小品。因为当地林木产量较多，采用木板作为住宅的外墙非常普遍，大门也用木板。在这种情况下大门外也做成木板影壁十分自然。目前木板影壁的实物尚保存一些，如吉林市北关某宅，木板影壁很完整，它也做成一高两低式，最下端的影壁座用立方形夹杆石夹立四根木柱，上下均有横梁穿插，中间镶木板做方形壁心，最上部也做双坡光脊式木板顶，并在脊头处雕刻精美花纹，在檐部之横梁下雕三处花饰谓之"齐口花"。总的来看两端屋顶壁部向上斜翘，很有韵律美。吉林市北极门外某宅木板影壁，左壁心处绘有彩画"天官赐福图"等，在朱红的影壁上壁顶用黑色边缘，有些肃穆之感。

图 46　吉林市北关住宅木板影壁

图47　永吉县乌拉镇住宅院心影壁

图48　吉林市住宅二折式上马石

图49　牛马街住宅院心索罗杆子

　　院心影壁，院心影壁在二门的位置，不建二门的人家必定建立影壁。院心影壁用砖砌建在院心，和二门的作用相同，用它来遮挡视线，并分隔院落空间。

　　在大门和影壁之间布置有上马石。上马石是拐角形的石块，布置在大门的两侧，也叫下马石，是封建社会人们骑马时用作上马的工具。来往客人以及家用的马都拴在大门外，当上马和下马时，踩此石块则分外方便，因此，将石块固定安置此处成为大门前的点缀品，也起到装饰的作用。上马石的造型一般也很不同，有的上马石旁侧雕以云纹图案或涂五彩，也有的做正方形石块或

做成阶级如二、三、四棱各式。如吉林市通天街三道码头某宅上马石分为三段，棱角整齐，至今尚完整。在住宅前布置上马石，增加了大门前的气派，同街对面的影壁一起构成住宅前富丽的空间。但是，上马石不是家家都有，当时只有二品官以上的人家才可设置。

　　此外，在住宅的大门前或大门后作狮石柱二对或三对，石柱为细长形，截面四、六、八角不等，柱头雕以蹲狮式样故称狮石柱，逐渐成为一个装饰品，实际上原是用它来拴马。

　　在大门和二门之间左侧设有索罗杆子（神杆），它是

图 50　永吉县乌拉镇住宅正房外景（因西间向堂屋借间，使屋门偏向右侧）

为了供祭老天而设，只是在官宦人家才用。例如：八大朝臣和三门亲属人家等。另外上三旗、下五旗的人家也可以设置。它的形式选用红色木杆，杆端做锡制帽顶，杆的下部用夹杆石固定，高度约为 4.5 米，直径 7 厘米左右，用杨木去皮而成。如《吉林通志》卷 27 所记："祭杆置丈余细木于院墙南隅，置斗其上形如浅碗，祭之次日献牲于杆前，谓之祭天，春秋择日致祭，谓之跳神……"又在《重订满洲祭神祭天典礼》中谈："满洲各姓，亦均以祭神为至重，虽各姓祭祀，皆随土俗微有差异，大端亦不甚相远，若大内，及王、贝勒、贝子，公等于堂子内向南祭祀。若满洲人等均以各家院内向南以祭，又有建立神杆以祭者，此皆祭天也"。

三、房屋建筑

在房屋内包括有正房、厢房、门房等单体。正房、门房均布置在宅内的中心轴线上，都是横长方形，厢房布置在正房的两端，因而组成三合房、四合房的形式。正房和厢房之间体现着过去宗法社会占支配地位的主从思想。在一宅内正房是主人居住的地方，所以间架高大，构造宏伟，厢房是晚辈人居住的地方，故比较正房小；至于外院，厢房、外套房则更小了，这都是主从思想影响的结果。

●平面　房屋平面的布置，按间划分。一般是从三间到五间或七间不等，在居室内设有火炕。其原始形房屋建三间，后来的"居宦"者家大人多，又要宽广，并受汉族的影响才开始建筑五间至七间。"间"是房屋平面的基本单位，盖房都以"间"来作标准。它采用长方形，两墙之间上担横梁取其空间之意，一般尺寸 3.5 米 ×6 ~ 9 米左右。无论要多少间的房屋都按此规格连接而成。满族建正房不论三间或五间都以西端的尽间为主，将西屋叫作上屋。上屋是满族视为最主要的房间，是主人居住的地方又是祭

图 51　永吉县江家屯住宅正房全景

祖先的地方。因此，这个房间的间壁墙向中间的邻间借间，将间量的尺寸加大。借间是向邻间占用 1 ~ 2 米左右以加大上屋的宽度。除"上屋"因借间加大间的宽度外，其余是和普通间宽相同，唯独堂屋（明间）的宽度较窄。在堂屋之后为暖阁（明间的后部），东侧为东屋（里屋）和厨房。除此以外，大家族中在东屋以外建耳房用作厨房。也有人口多的人家建五间房而设腰房（次间）。这是满族特有的布置习惯。

堂屋是各屋出入的必经房间，如同近代建筑的过厅。上屋是主人（长辈人、老年人）主要的居室，在西墙和北墙的上端，供有祭祖宗的神龛（蒙架子）并在西墙下前面设有西炕（俗称万字炕）。据估计原来西炕很宽，在炕上设置棹子，上陈茶具等，两侧铺以红毡，除非贵客、别人是不准坐西炕的。满族人以西炕为最尊贵的地方，如条件允许西屋可不住人专为供神之用。后来因为有西炕室内面积狭小，将西炕就渐渐地缩小了，成为今天的万字炕（50 ~ 60 厘米宽）。今天郭尔罗斯前旗一带蒙古族的房屋，尚保存着满族原有西炕的形式。现缩小后的西炕就是满族的万字炕，除万字炕外在室内尚有南北炕。

暖阁（隔）是利用明间后半部的地方隔成的小屋，满

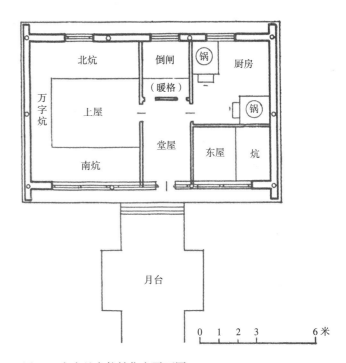

图 52　永吉县乌拉镇住宅平面图

语曰"倒闸"。室内设有小炕，它在东、西屋之间，室内设火炕，烧得比较暖，为给老人暖衣暖鞋而用，以避免冬季出门穿衣的当时感觉寒凉，将衣服暖了以后再穿。据魏毓贤：《旧城旧闻》所谈："厅堂多设炊具，富者别以暖阁俗曰倒闸"。

东屋（里屋）是东部尽间的前半部，为儿女所居的房间。厨房在东屋的后半部分，但因厨房缺少后门，杂乱物品亦由正门出入，甚不方便。下屋（厢房）的间数随正房而定，正房三间时厢房则三间或五间；正房五间时，厢房则建五间或六间（内三外三）。当地常说的俗语"五正六厢"就是这样的布置。厢房的室内划分也是由堂屋（明间）、上屋（南稍间）等划分，除堂屋外，各屋都有为居住而配置的火炕。

此外也有的住宅，在暖格北端不作厨房，而将厨房设在正房侧的耳房中，这样的布置既清洁又幽静，最为理想。在较大的官僚住宅正房前端都有前廊，廊柱透空裸露于外，也存在廊柱之间装有栏杆摆设花盆增加点缀。门房的布置一般是三间至五间，以三间为多。

满族无论富贵仕宦，其室内必供奉神牌，只一木板无字，亦有用木龛的。室内西壁供一龛，北壁供一龛，凡室南向、北向的以西方为上。东向、西向则以南为上，龛设于南，龛下有悬帘帏者，都用黄云缎做成。

以上满族居住房屋特有的平面布置，至今在吉林乌拉镇一带住宅，存在的实例很多。

另外，从沈阳清宁宫的平面布置上看，就是把屋门偏于左（东南）侧，西屋布置宽大，正是沿用了祖先的遗制，是满族固有的习惯。但是这里所发现的吉林、乌拉镇的满族住宅还沿用这种遗制。据调查所得材料，住户90%以上还是这种房屋，这充分证明满族旧有习惯在这个地方仍然保存。从这点来看，也可以证明满族原始文化起源于吉林。

●外观 大型住宅房屋，用大木结构，它的进深和取间都很宽广，举架高昂。较华丽的房屋都有很深的前廊，

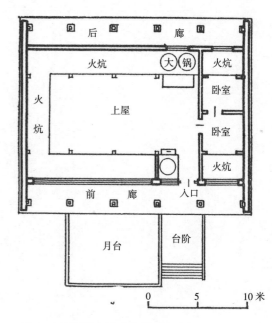

图53 沈阳故宫清宁宫平面图

从外观来看是规制宏大的。屋顶坡度陡急，坡面又很平直，全用仰瓦铺砌成平坦屋面，它和硬山山墙相交更有庄严的感觉。另外的一个特征是正房大部分都设有前廊，前廊露出明柱，如乌拉街一宅，廊柱情况，如无前廊也做固定式木板两搭。它的形式如同前廊也就起前廊的作用。前廊如果过深，影响室内光线，故普通前廊宽度都在1.2米左右。吉林市牛马行某宅正房前廊宽广，明柱配列整齐井然有序，瓦面平坦，滴水瓦也甚整齐，正门开设三橙双扇隔扇，窗棂清晰显得房屋高大而又宽敞。吉林市夹心子胡同某宅正房前廊，做成木板雨搭方柱圆柱础，柱与照门枋间置燕尾，很别致，也起同样效果。

吉林市通天区某宅正房也是瓦面平整，滴水瓦整齐，屋前设木板雨搭以照门枋和立柱相连，规整而自然，在廊下做斜格坐橙栏杆。房屋的前檐墙做单扇正门，当阳光照射后门窗俱为黑洞，显示了房屋空间的巧妙处理。

吉林市前新街某宅房屋高昂，瓦面和脊头都是地方手法，木板雨搭制做得很高且规整，单扇屋门安装于门帘架上，檐下空阔，其处理手法很有特殊风格。永吉县汪家屯某宅，正房做海青房，厢房苦草，两房之交设独立烟囱，

图 54　吉林市牛马行街住宅前廊

图 55　吉林市北关夹心子某住宅木板雨搭侧面

图 56　木板雨搭方形柱及圆形石础

图 57　吉林市通天区住宅正房前景

图 58　吉林市前新街住宅正房前廊

图 59　永吉县汪家屯住宅海青房外景

图 60　永吉县乌拉镇住宅正房

图 61　永吉县乌拉镇住宅正房全景

院内平广，栽植花木，是另一番格调。以乌拉镇为中心的满族官宦住宅，同以吉林省为中心的满族官宦住宅，二者之间也有不同的特点。乌拉街的房屋富有地方纤巧轻快的风格，其特点是因为借间正门偏向房屋的左侧，自正面看来，正门不在房屋的正中。山墙全部做成罗汉山（挑山）钉以木博风板，漆以朱红色，如当地的流行语"红博风"是指明房屋华丽的意思。此外是前后都不做廊，也不做木板雨搭，房屋是清秀而规整，总不如吉林市房屋的高大和规制的宏壮。部分做瓦屋顶的形式和吉林市同样。如永吉县乌拉镇某宅正房不带前廊也不带木板雨搭，屋顶瓦面和吉林市相同，唯前廊装修则有一种满族古朴风格，这种房子总体看来精巧玲珑。另外，如永吉县乌拉镇肇宅、王宅正房是受到汉族的影响改为不扩间，做对称式样。

四、房屋各部做法

●基础　基础（俗语称为地身），在老式房屋中分为柱基础和墙基础两部分。它筑于柱、墙的地盘之下，是下部的构造，它承担房屋的全部重量。在砌筑基础之先，要充分地了解地质情况，对地基土壤是否良好，耐压力大小，地下水位高低等应缜密的勘查。吉林地区广大，地质不同，大致可划分为石层、砂粒层、土质。其中石层甚硬是较好的地基，砂粒质松软不适宜建筑，土层亦属松软类型可用夯打使地基坚固。满族对房屋基础的做法主要是按汉人工匠的方法操作。共工作方法，先是抄平地形挖开基槽，四面转角处砌置海墩，定中心线后为房屋墙的标准点，用水鸭子测出准确中心线，再用木板标示于海墩之上。土质坚硬时基础可以浅做，土质松软时再深挖至坚硬层，基槽宽度1.45～1.60米，深度则需挖至1.20米左右。松软土质可以打夯或再用打桩的办法处理。当砌基础时，两槽壁的侧面以横木支承支板、防止槽壁坍落。基槽基底处理可以分为三种，垫石法为普通的做法。无论基墙和柱基的下部均用石块垫底，石块接缝处填充细沙，并用木夯将石块捣至紧固。填沙法：在基槽内垫沙一层，在沙层上再砌砖，

此法墙基容易返潮是其缺点。打夯法：分做两类，木夯是用硬木做成的，本身重量30斤左右，打下时的力量约60多斤，每次打半夯，层层压打，使基槽更加均匀。石头夯法是用石块做成，本身重量60公斤，打入后约100多公斤。用石头夯或木夯打基础时先用木夯打7遍，上铺0.25厘米厚小石块一层，石缝处放黄土和白灰，共垫6层。再上部用石块砌出垒涩式，较砖墙稍宽即可，砌石块的水灰比，用砂子2：黄土1：白灰1的配合比例（内用黄土是取其黏性）其高度根据宅的院心地面为准。

●地面　室内地面做法从材料上分有三种，一是木地板地面，一般的材料采用榆木，因榆木经干燥后能抗腐蚀。也有的人家使用松材，因松材本身带花甚为美观。其次也有用红松做地板的。一般的宽度20～25厘米，表面涂油三遍，如板面过宽当潮湿后容易膨胀翘起而不平，满族房屋用地板者较少，后来在城镇的大宅中则改用地板者颇多。二是青砖地，它是使用最广泛的地面，铺砌的方式有多种花样。如使用砖脊斜铺时叫作蒜瓣地，纵横铺砖时叫作丁拐地，用方砖对缝铺砌时叫作方砖地。其铺法首先在地面上铺一层碎砖块，用木夯打三遍，上抹插灰泥0.025米厚，如果防止室内潮湿，当铺砌前要垫大粒黄砂一层。采用坐浆铺砌法比较坚牢，坐浆铺砌法是在方砖下挖坑一处放置桃花浆，其稠度稍稀将方砖黏住。桃花浆用灰1：黄沙2：砂子1的比例，最为恰当。青砖地面是防火材料，同时可将地面铺的平整，其缺点是经年久容易返潮，从目前的房屋来看，大部分地面湿润，当干燥时灰土很大，容易使室内干燥影响健康。

●墙　由于它的位置不同，其名称也随之不同。它是房屋四周的遮挡物，用它来防止气候的变迁和保证居住人的安全，也是房屋建筑中的主体。它是用砖块垒砌而成的。其特点能耐震耐火，厚度应适度，才不致占用过多的有效面积。如墙壁过厚，占用有效面积过多时，是不经济的。其长度和高度越增大其壁体越不坚固，所以它的高和长之比有一定限度。

图62 吉林市通天区住宅三柱香式罗汉山墙

图63 吉林市北关马宅带二柁的山墙

图64 吉林市大榆树胡同某宅腿子墙

檐墙接着面阔的长度砌至檐下。在正面的叫前檐墙，在背后的叫后檐墙。檐墙上安装门樘和窗樘，当地因为防寒，墙壁厚度一般在50厘米左右。前檐墙的面积主要被门窗面积占用，故仅窗台墙及两尽间使用砖墙，其他则用木装修隔挡。后檐墙开窗较少，大部分满砌砖墙。

山墙是房屋的两侧房壁，自檐部至屋脊成山形三角状，故称为山墙。山墙因窄而高，一般是比檐墙加厚。山墙内又分罗汉山式（悬山）硬山式两类：罗汉山墙檩木挑出山墙面挂搏风板。吉林市通天区某宅三桂香式罗汉山墙做得清晰悦目。吉林市北关某宅带二柁的罗汉山墙做得整齐，木制山坠下垂，雕工极细，给呆板的山墙墙面增添了变化。硬山式房屋山墙砌至脊尖，又连接至前后坡的边沿瓦垅。左右两端向外凸出的墙垛为腿子墙。在腿子墙和檐部相接处镶砌方形戗檐砖，其上雕刻花纹，当地叫作枕头花，砌层层线角用挑脑砖承托，手巾布连接于下部，构成完整的螭头。在山面和坡顶的交接处披水砖之下砌有陡板砖、披耐、平滚楞、线砖等使山墙边沿处又坚固又美观。这种做法将檐边封严，很是巧妙。如吉林市通天区某宅，

图 65　吉林市北大街一宅房屋枕头花

图 66　吉林市东莱门一家正房枕头花

图 67　吉林市粮米行一宅枕头花

图 68　吉林市富余胡同某宅砖山坠

图 69　吉林市翠花胡同某宅荷花山坠

图 70　吉林市二道码头住宅博风穿头花

图71　吉林市通天区东合胡同住宅山墙腰花

图72　吉林市维新街住宅大山墙腰花

山墙腿子墙做法为标准的设计，所用的名称都是当地的地方语，它和北京官式叫法不同。近山尖处为砖雕的山坠，近檐处为穿头砖在腰花的陪衬下形成了几处生动而精致的点缀，从而使呆板的山墙增添了艺术性。其中特别是腰花的做法是吉林一带房屋特有的装饰。吉林砖房几乎家家雕饰腰花。吉林市通天区东合胡同某宅硬山墙腰花，做得方整，四边雕刻各种万字纹的图案，正中雕透珑的牡丹花和上部的山坠同在一个中线上，对比之下甚为精美。永吉县乌拉镇后府肇宅正房滚脊式山墙腰花，体形方整，是一幅"双喜花篮"。山墙的墙身全部承担在台基上，在腿子墙下至迎风石上承压梁石各一块，砥垫石沿台基周边砌筑，它的目的是为了保护墙角的完整，不使被碰坏，是很实用的做法。

　　看墙在北京叫作廊墙，凡是带前后廊的房屋都有看墙存在。它是在廊的两端内侧，砌筑的两垛砖墙。墙的表面以磨砖砌成光面，中部及四角做成砖刻，也有的满墙雕刻砖花，其图案题材种类非常丰富，也有的房屋在看墙处开设券式门以利出入，谓之廊洞。看墙的设置，主要是给在

图73　永吉县乌拉镇后府肇宅山墙腰花

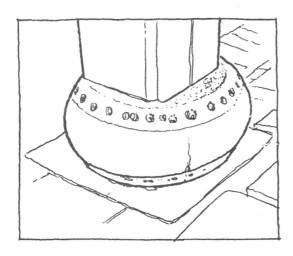

图74　吉林市白旗堆子一宅木板雨搭柱础

图75　永吉县乌拉镇后府肇宅腿子墙迎风石雕刻

廊内休息的人以艺术上的欣赏，以减去呆板的感觉，地方虽小处理办法很高明。

●石作　石作指房屋用石镶砌的部分。它分别镶砌在建筑的最常被人碰撞的部位或者是重要之处，例如在腿子墙上的有挑头石，北京叫挑檐石，它承托房屋檐部的重量，在腿子墙下部的有角柱石、迎风石、砥垫石、压梁石等，在台阶边缘的地方有台阶边石、甬路边石、踏步石、垂带石等，都是棱角很精致平整的石条。砌石的方法应采用灰浆灌注，以插灰泥、桃花浆最为合适，墙表面抹缝用麻刀青灰最好。

柱础石表面露出者为圆形，地面以下者为方形，其用意是柱子放在础石上柱子本身不腐烂，又可增加柱子的坚固性。吉林地区柱础石不同于北京，吉林做圆形石鼓式、鼓径圆弧向外，而北京则鼓径向内。吉林市西大街某宅正房柱础，圆弧做得很整齐高约30厘米。另如吉林市白旗堆子某宅木板雨搭方柱柱础也是做成石鼓式。

迎风石在北京官式建筑中叫角柱石，它是在腿子墙下部转角处立砌于墙内，表面露于外部，放置迎风石的目的，是防止车马行人行走时撞坏砖墙墙角，因而砌石防止是很

实际的。乌拉街侯宅正房迎风石刻出万字锦地，角云，表现出古雅的风格。

砥垫石：是在迎风石之下向前伸出约30厘米，也作为台阶边缘。

压梁石是在迎风石上部横方向砌置，和迎风石相交，用它能拉住迎风石不使迎风石外倒。至于台阶边石，甬路边石主要是各台阶的旁边石条，它是防止台阶和甬路砖块脱落的，使用这种石块必须棱角整齐，同时，它也有一定的装饰意义。除此以外，尚有踏步石和垂带石两种，都放

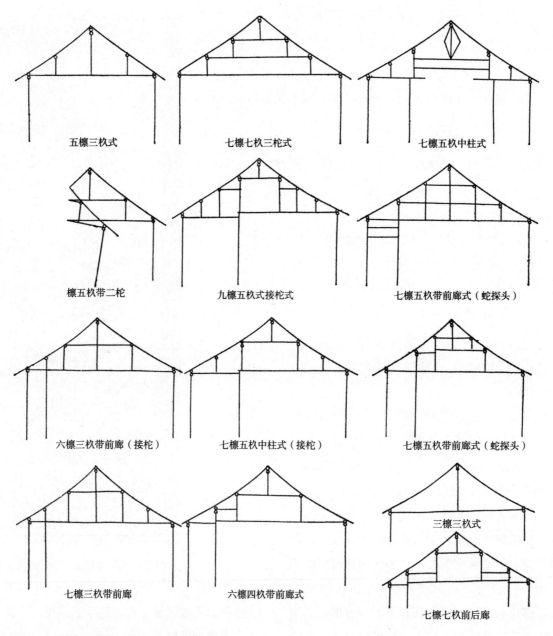

五檁三杈式　　　　七檁七杈三柁式　　　　七檁五杈中柱式

檁五杈带二柁　　　　九檁五杈式接杈式　　　七檁五杈带前廊式（蛇探头）

六檁三杈带前廊（接杈）　七檁五杈中柱式（接杈）　七檁五杈带前廊式（蛇探头）

三檁三杈式

七檁三杈带前廊　　　　六檁四杈带前廊式　　　七檁七杈前后廊

图76　吉林市满族住宅梁架式样分析图

置在台阶和甬路的交接处，一般做成光滑平面。例如吉林市通天区某宅正房踏步石及垂带石做得很为规整。吉林市顺城街恩详宅，某正房的踏步石和垂带石都用汉白玉，表面浮雕卧狮非常精美。这所住宅正房前廊的石栏杆也用汉白玉，栏板浮雕花纹甚多。

● 构架　吉林住宅建筑和古代建筑同样，其受力系统的构件全部以骨架为主，承担自然荷重和材料本身的自重。力首先从屋顶上，传至屋面板、檁、杈以至瓜柱经大柁再到柱子，由柱子传到地面而至基础。这一个受力系统和墙是没有关系的，正如梁思成先生所著《清式营造则例》

所说:"其用法则在构屋程序中,先用木材构成架子作为骨干,然后加上墙壁,如皮肉之附在骨上,负重部分全赖木架;毫不借重墙壁,……"而满族住宅建筑做法完全相同。它的构架系统,首先是木柱立在石础之上,柱的上端支承横梁(大柁),大柁上立瓜柱四根,瓜柱上承二柁。大柁、二柁的端部及瓜柱顶上支承枋、檩。檩上挂椽而支承屋顶全部重量。

根据几个正房的实测和访问地方工匠师傅,构架的种类可以归纳为五檩三枋、五檩五枋、六檩架、七檩架等。

五檩三枋——俗称三柱香式,是满族的大型住宅建筑中最简单的形式。在大柁的两侧,以前、后檐枋相拉,保持横平状态,其上承担檐檩及檐的重量。大柁的中部以大瓜柱直承脊部的枋、檩,前后端的小瓜柱上承腰檩而无枋,也有的设枋更增加拉固作用,故称五檩三枋。三根瓜柱并峙下垂,极似三柱香,故又有此名。这样的构架式样一般适用于面阔大而进深较小的房屋,但需大柁粗壮,不然因全屋顶之重量都集中于大柁之中央,日久大柁易弯曲致成破裂。吉林、乌拉镇一带民房用此式样者甚多。

五檩五枋——是满族上层住宅中用得最多的一种形式。它又可分为两类一种是带二柁的,即在大柁之上有四个力的集中点,两端是檐枋上承檐檩,中间用两个瓜柱支持二挖,腰枋(金檩下之圆木)腰檩(金檩)安置在二柁的表面上,在二柁的中间有脊瓜柱。顶部的集中荷重通过二柁分担于大柁的两边。采取这样做法可以分散集中荷载,适合于进深比较大的房屋。另外一类是不带二柁的,这种构架是减掉二柁,基本上和三柱香相仿,在腰檩处多加枋木一根,用它拉住构架不使其摇动。当建房时有的主人认为加二柁则增多房屋的重量,宁可多用枋木连接以少使二柁承托,这样的做法很普遍。凡五檩以上的房屋大柁,必须选定较好的材料才能抗住屋顶的压力。

六檩架——是六檩六枋前出一廊的形式。这是一种较为高级的构架法,官宦人家因五檩架无前廊,故多使用六檩六枋。"它的具体形式有二,一种是"蛇探头"式,需用

图 77　吉林市通天区三道码头住宅檐柱的包砖

较大的材料,将大柁直接伸出前廊的檐端。老檐柱的上部加小木柱一根(金瓜拄),并有小二柁和矮人字相连使其稳固。另一种是"加穿插梁"式,这样做法较多,是因为柁材较短,在廊前加穿插梁,老檐柱头上加垫墩(童柱)。老檐檩、枋下部,也以小二柁连接短人字,其他和五檩全部相同。这类构架在吉林满族、汉族的大型住宅中很普遍。采取接柁的办法主要是使前后檐部同高,屋内光线又明亮,这是一种最理想的处理方法。

七檩架——较六檩架多架一道后廊,其余则全部相似,以正中脊两端做对称式,一般用它做书房,客房和大过厅较多。吉林市局子街达宅的过厅就使用这样的结构,其他地方使用这种方式的甚少。

以上这四种构架方式是满族常用的形式和北京的住宅房屋小式构造也有很大的不同,它带有明显的地方手法。现将构架中每一构件作如下分析:

柱子是构架中主要的构件,用圆木做成,下部直立于柱础石上,其上支承着大柁,从平面上看配列规整,它的功用是承担房屋上部的全部重量而传递至地下,由于它的支承使房屋成为居住的空间,同时也以它来区分面阔、进深成为"间"。柱的位置不同,它的作用也有差异,因此

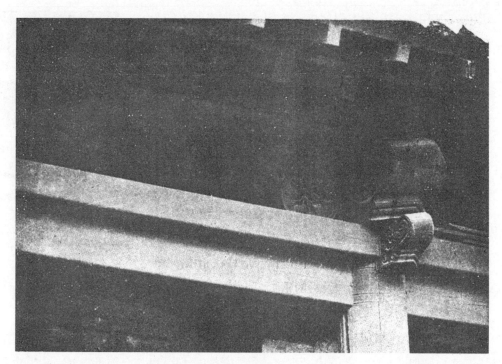

图 78　吉林市满族正房大梁柁头及随梁枋头雕刻式样

它的名称也随之而异。例如：檐柱是在前后檐墙中的柱子，檐柱均在墙的中心线上，因为墙身过厚，遂将柱子包在墙的内部，这样做法不透空气易使木柱腐烂是其缺点。吉林房屋的歪斜和沉陷，大部分都是这个原因。排山柱是用在硬山墙的中心线上的柱子。采用排山柱法是因为烟囱砌在山墙上，省去大柁以免影响烟囱通路。同时，减去大柁、二柁、也减少了房屋上部的重量。这种做法一般是三根柱子包在墙中。抱门柱在大柁下中间部分进深的三等分处，它主要功用是支承大柁，也用它作间隔墙的骨架，同时坑沿亦接连其上。其形式一般多为八角形，普通房屋则作圆形。头顶盔（小瓜柱）是在檐柱的大柁上部，支承檐檩、杋而用，檐杋就是通过头顶盔而拉柱梁架。矮人字（金瓜柱）的功用是支承二柁。脊瓜柱在二柁上端支承脊檩，其端部做成马耳槽。

和进深平行的构件，叫作大柁（梁）。它是将上部的集中荷重承担下来再传至两端柱上，这样能使房屋内部得

到大的空间。它因位置和功用的不同而名称也有不同，例如：插梁是在六檩房架中前廊上的横梁。它能保持檐柱及廊柱的稳定，承担上部的荷载。檐檩、檐枋均搁置其上。断面尺寸一般在 30 厘米 ×32 厘米左右。后尾水平地插在檐柱上，头侧雕以云纹，类似北京的麻叶头。在大住宅中雕成五彩莲花成为吉林市各宅中柁头特有的花纹。随梁枋在插梁的下部，它起着拉紧作用，尺寸一般在 15 厘米 ×13 厘米左右，前部挑出柱头做出象鼻，是地方手法。大柁叫作大梁柁，是承担荷载主要的构件。在三檩、五檩的构架中，两端搁置在前后檐柱上；在六檩、七檩的构架中，其两端则搭在檐柱和廊柱上，长度根据进深来确定。除两山用排山柱外，中间的柱上都有大柁，三间房两根柁。它的尺寸一般在 50 厘米 ×55 厘米左右，截面近似圆形，柁头侧做方形，二柁和大柁的作用相同，其两端承担金檩、金杋，其直径为 25 厘米 ×35 厘米不等。

另外在商店，作坊等建筑中，多半采封檐式（或叫防

图 79　吉林市翠花胡同住宅"三不露房"檐头一角

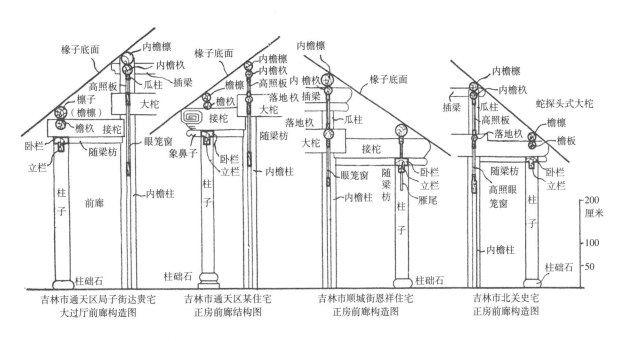

图 80　吉林市满族住宅梁架结构图

图81 吉林市东关住宅"仰瓦屋面"合瓦压边做法

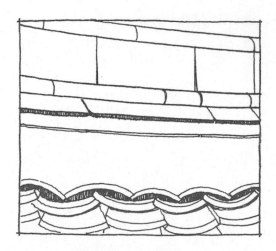

图82 吉林市通天区住宅陡板脊

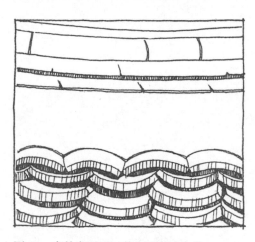

图83 吉林市通天区某宅正房清水脊

火檐），吉林当地称为"四不露房"或"三不露房"。这种做法也影响到住宅，民国以后这样封檐式房屋逐渐增多，其主要原因是为了防火。

　　同面阔间距成平行的是连接和支撑间与间的横平构件，叫作檩枋，它的名称也是由于用途和位置不同而有差别。檩子承担构架及架间的荷载。在最顶部的高处叫作脊檩，次为金檩、檐檩等。其长度是根据面阔"间"的宽度为单位，直径一般在 20 ~ 25 厘米左右。也有的脊檩和檐檩较粗，其他稍次。枋犹如北京清官式建筑的檩枋，长度位置和檩子相同。其独特的功用是拉住构架以防歪闪，直径比檩子细，普通房屋在 15 ~ 20 厘米左右。卧栏在前檐廊柱的顶端插梁之下，可抗柱及柱间的横向力，其形式为扁方形，一般的尺寸在 30 厘米 ×15 厘米左右。立栏在卧栏的下部，和卧栏的功用相同，因高度较大，竖向置于卧栏下面。也有另一些房屋加建照门枋，在中间做荷叶墩，更觉美丽，两端角部做齐口式花纹，形成檐下的装饰。椽子安放在檩子顶上，和柁梁方向相同主要用以承托坐板等的屋面重量，用钉将其固定在檩子之上。较考究的房屋采用方形椽，一般的作圆形以省加工之烦。吉林

地方做法每间房用椽子 12 根。另外的一项做法为了出檐深远，在檐的端部加飞子（飞椽）向前挑出，其后尾渐渐削薄钉在坐板上，这样的做法增加了檐部的装饰，使屋檐厚重而加长，但是对屋内采光有些影响。

　　屋面是房顶上的覆盖物。坡面曲线很小略近于平直，其坡度很陡。

　　它的构造包括坐板，上部钉压条子，抹泥，坐泥顶上再抹瓦泥，瓦泥之上盖小青瓦。坐板是宽度 10 ~ 15 厘米

图84　吉林市顺城街恩宅花脊

图85　吉林市通天区住宅麒麟脊头

左右的长条板，接缝处用错口相对，其作用是承托屋面上泥灰和瓦的重量，一般都用红松材。压条用小方木做成，以横方向钉在坐板上，距离40～50厘米左右，用此压条挡住坐泥的向下滑落。坐泥铺在坐板上用它防寒和隔热，厚度约5～7厘米左右，因在坐板之上故叫坐泥。它的做法用黄土加入羊剪（音角），当其干燥后再抹瓦泥。瓦泥是抹在坐泥上层的插灰泥，用它粘附小青瓦。普通房屋抹10厘米，有摺（曲线）的房屋要抹13厘米厚。插灰泥的比例是土4∶灰1，再加上细羊剪少许。抹插灰泥的瓦顶不生草，屋面可以耐久。用小青瓦当年铺完毕后，次年将瓦拆下再加抹一层插灰泥或是大泥，或者是蒙头灰3～4厘米这叫捣垅，采取这种做法当干固后其寿命可以延至40～50年不必再串瓦。

图86　吉林市前新街住宅脊头

　　吉林一带房屋采用小青瓦仰面铺砌，瓦面纵横整齐。它不同北京地区房屋采用合瓦垅，其原因是当地气候寒冷，冬季落雪很厚，如果采用合瓦垅，雪满垅沟，雪经融化时，积水浸蚀瓦垅旁的灰泥，屋瓦容易脱落。特别是经过冷冻的变化，更易发生这种现象。因此，当地做法，屋瓦全部用小青瓦仰砌，屋顶成为两个规整的坡面以利雨水的流通。在坡的两端做三垅合瓦压边，以减去单薄的感觉。这种做法总称"仰瓦屋面"。

图 87 吉林市后新街住宅脊头

图 88 吉林市北关住宅正房断脊花

图 89 吉林市通天区住宅硬山墙烟囱

图 90 永吉县乌拉镇住宅罗汉山墙烟囱

图 91 吉林市俱乐部后胡同住宅附墙烟囱 ▶

图 92　吉林市湖广会馆胡同住宅支摘窗

屋顶正中心挑脊，脊根加垫瓦片，上部用青灰铺砌青砖做成高脊。较华贵的房屋用陡板脊、花脊。一般房屋则用清水脊，或者用泥鳅脊。脊的两端有脊头、雕有各式透珑花纹和图案。这种局部的点缀是很生动的。吉林市通天区某宅清水脊瓦楣两条，滚砖一道，清晰悦目。吉林市通天区某住宅正房的陡板脊，陡板砖横长上下加砌两条滚砖，均为磨制青砖，崖脊很高大雄壮。吉林市顺城街恩宅大门的花脊，在陡板处换雕砖万字图案，在砖心做正圆形透雕各种花很精巧。各式屋脊自中心向两端上部挑起曲线，刚毅有劲是很特殊的手法，各式房屋的脊头都有很细致的雕刻，在这一点比北京做鼻子式的清秀美观。例如吉林市通天区某宅脊头做麒麟头式，嘴头向上生动自然。另外屋脊有断脊花的做法。断脊花的用意是因为造房人家迷信，认为房间都要奇数（齐齐备备的意思），如果建筑四间房就要使三间和一间的屋脊不能通建，必定建造"断脊花"相隔开。吉林市北关某宅正房断脊花，用小瓦摆成轱辘钱花纹很美观。屋面坡度较陡，小瓦的砌法很密，铺砌的尺寸

须做到"瓦三过一"使雨水流的快，而不能向屋面内部浸透。当屋顶瓦全部铺完后，表面涂以黑烟子、水胶，分别为灰、黑、白三色，极为鲜明。总体看来，满族大型住宅这种屋面高陡，坡面平直，雄伟有力，它不但能抵抗住自然界的雨水浸蚀，本身亦甚为坚牢，这确是根据地方具体的自然条件而产生的。

除此以外，在乌拉镇地区的部分人家也采用草房。这种草房在外表来看很规整，在实用方面又温暖，比屋面瓦可以减轻重量。草房的做法除在屋顶苫草外，还有一类海青房，仍然在坡度的两端做瓦垅三行或者四行，看起来清秀异常。

吉林满族房屋都将烟囱做在紧靠山墙外，采用这种做法主要原因可以节省烟囱所占的面积，又节省本身使用的材料。烟囱随墙走利用山墙的壁体，这种做法既美观又整齐。烟囱的孔径平均在 20 厘米左右，其高度在前坡的是 1.5 米在后坡的是 2.5 米。

● 檐部装修。包括檐部的一切小木作及门、窗等。它

图 93　吉林市依将军胡同住宅支摘窗

不但能区隔房屋的内部和外部，同时用门窗来进行室内的采光和通风。六檩屋架的房屋中老檐头柁的上部，用木板封起。当地叫作高照板。这种高照板安装后使脑间黑暗，后来的一些做法都用高照眼笼窗，在檩木下端做成这样高照眼笼窗使脑间内有光，这是合理的。眼笼窗花格做得精美，也甚为适用。在房屋的正门处安装门帘架，备挂门帘之用。堂屋安门处一般有两种做法。一种当中开单扇门，两端安设马窗成为封闭形式，这样做法是最普遍的，冬季可以保证室内较暖。另一种是堂屋全部做隔扇门，和庙宇正殿隔扇的式样相仿，门缝较多，这样做法冬季寒冷，在当地不太合适。例如吉林市牛马行某宅就是这样做法的一个实例。门扇不能安装玻璃，光线不足，很不适用。窗子的式样一般都采用支摘窗，下扇满装玻璃，上扇做窗格，例如方格、喜字、梅花、方胜等，都是表现了封建社会当时的一种喜庆思想。窗纸糊法和农村建筑不同，农村将窗纸糊在窗外，但城市窗纸糊在窗的内部，夜间窗外有外套窗可以放下，很严紧。在比较老的房屋中室内设有吊搭（大型木窗）夜间放下昼间开启，这种做法很笨重，目前

图 94　吉林市炮局胡同住宅玻璃窗及窗台板

图 95　吉林市西关前新街住宅独扇窗

图 96　吉林市前新街住宅支摘窗

图 97　吉林市前新街一住宅盘肠支摘窗

多已将其革除。满族人家的房屋因上屋为主，在山墙处开西窗一樘，增加室内的光亮，此种遗制除在乌拉镇地区以外，郭前旗的蒙古族房屋中仍然保留着。凡有院墙的人家房后檐墙上多半有后窗，居人房屋每间开一樘，房屋和墙院连接的人家多不开后窗。有后窗时冬季室内寒冷，夏季由于前后窗的过堂风，人亦易患病，故多半不设后窗。檐部装修的木料尺寸过大，因而使用木料太多，特别是窗台板过于宽厚。吉林市西关前新街某宅整扇窗，下扇玻璃很窄上部糊纸，窗棂清晰。吉林市前新街某宅支摘窗及吉林市白旗堆子某宅盘肠支摘窗，花纹式样之变化，都有特征，是一种有代表性的实例。吉林市白旗堆子某宅门上眼笼窗，做回云纹，雕刻细致。其他如吉林顺城街恩宅秀楼，做有小抹角形、圆形窗，式样非常古朴。

● 室内装修。室内的一切小木作工程总称室内装修，如间隔墙、地罩、炕罩、天棚等皆包括在内。

间隔墙，俗称间壁，它是在大柁以下区隔各间的木板隔墙。每柁柁下立抱门柱二根，除支承柁外又为安装木炕沿之用，同时间壁墙骨架也接连其中。它从炕墙的墙台上做起，四边用木框镶成的边板，称为间壁心子，较华丽的房屋用油漆漆成亮光，极为美观。屋门的周围也安装门框，采用木板心的做法；个别人家在房间分隔处做木槅扇固定门，雕花甚多。在堂屋正面的间隔墙中，两端做出入倒闸的小门，当中做大花窗，当地一般人家采用"挖腰刻大棂"的做法。室内槅扇用木材做，有很多问题，不但不隔音，不防火又浪费木材。

地罩设在单面炕的前端。做木框装花板心，工甚细致。由于地罩的装设，将室内分隔为两部分。它本身是一个龛的形式，由于它的划分，使室内形成又相通，又相隔的气势。例如吉林局子街达宅正房地罩雕以卷草莲纹，在两端做成槅扇，装设各色花玻璃，边框之下做成木座线角层层重叠。地罩虽然不装设门扇，而由于它的设置给室内的体氛有新的变化，火炕的位置就显得更重要了。地罩做法简单而富有艺术性，今后在室内装修上仍然可以使用，但是

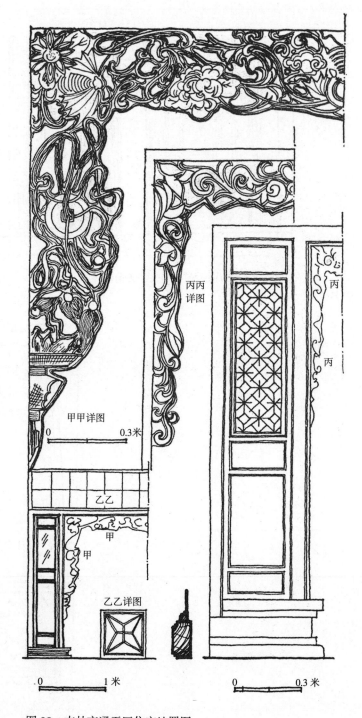

甲甲详图

0   0.3米

乙乙

甲

乙乙详图

丙丙详图

丙

丙

0   1米

0   0.3米

图98 吉林市通天区住宅地罩图

图 99　吉林市通天区住宅木板雨搭栏干

将其繁琐的花饰应尽量简化。炕罩是设在炕沿上的大型木龛和地罩相仿，不过是放在炕沿上方，不但用它区别炕与屋室的范围而且是用做挂幔帐的构件。在大型住宅中都有炕罩，炕罩两边做有花窗钉横被，用来挂幔帐，最下部有犀牛座较为精美。

在寒冷地区虽然有防寒屋顶，但是在柁下必须做天棚，使得柁上脑间成为空间以阻隔寒气。又因梁架粗大，不愿将这样材料加工，而且脑间内很黑，所以用天棚遮挡。天棚分为船底棚、斗底棚、平棚三种。在大型住宅房屋内都做船底棚。自檐檩内部开始，各向上斜做30度斜坡至二柁底面为止再做平顶一段，成船底形。它的特点是使室内空间扩大，空气畅通，没有低矮压抑的感觉。它随同尖屋顶的形状而来得很自然。它的做法是用方木条钉成长条状的格子吊于梁檩之间，上铺苇席一至二层，有的人家在席棚上放置锯末防寒，在木格下表面糊报纸数层，外表再糊各色花窝纸，棚体很轻，易于制作。满族的上屋有部分做

斗底棚。做这种棚时必须房崖宽大，做成四面坡度，做法和船底棚相仿。当房屋进深和间距小时只可采用普通的天棚形式，这种形式，自两端檐檩内面大柁上部做成平顶，根据材料不同而有木板平棚、纸糊平棚和秫秸平棚。木板平棚是以木方子自柁面固定，上铺木板，表面糊纸或者漆以桐油，棚顶上可以放置杂物。纸糊平棚和船底棚构造相同，在间较小的房屋中都采用这类形式。这些天棚都有一个共同问题，就是不能防火。

● 外部装修　房屋外部的小木作除本身的功用外还要达到装饰作用。栏杆是用在前廊或拐廊处的，形式有多种多样，木作花格种类甚多。如吉林市三道码头姜宅前廊栏杆和明计成著《园冶》书中的式样相同，至光绪年间，房屋中常常采用西式栏杆。没有前廊的房屋，将木栏干镶于木板雨搭木柱中间。木栏干主要的作用是区隔廊的内外，上面又可以放置花盆。雁尾这一构件，清代官式做法叫雀替，它是立栏和柱相交拐角处的装饰。例如吉林市通天区

图100 永吉县关屯住宅正房

等宅大门燕尾木雕甚细致，而别具风味。

●色彩 满族房屋建筑和我国内地建筑同样使用青灰色的砖瓦。当新建房屋时涂灰浆，修理房屋时则用关东烟烟杆灰涂刷，灰内放入水胶而富有黏性，使得瓦面砖墙焕然一新。木装修均涂朱红，但色调很淡，绝大多数不使鲜艳，不如北京住宅的鲜明或用黑色较多。房屋檐部绘制彩画者极少。

第三节 乡村居住房屋

满族乡村住宅和城镇住宅基本相仿，但是从平面上、外观上看，还保存不少满族原有的古老形式，这对研究满族住宅建筑演变历史发展是重要的。由于满族居民在清代时经济情况比较富裕，乡村房屋建筑规模比汉族农民房屋宏大而又整齐。现在从满族聚居的各屯来看，每屯都有半数以上的大院互相接连，其余小院的布置也是很完备的。因为满族重礼节，无论房屋内外都是整洁的，从生活习惯

和风俗来看，不论大小住宅院落在不同程度上都保存着满族原有的民族遗风。他们信佛，信奉天地，在每家的正房脚柱上端供有天地牌位，每逢年节陈列香供五彩、鸣放鞭炮。室内仍然供祀祖宗于上屋西墙和北墙上，其他方面和城镇住宅相仿。

住房总平面布置，基本上按一户一宅的制度。首先以正房为主，绝大部分人家都有正房并且配置厢房，一般的均为一正一厢，或者只单独一处正房。外墙做土筑或用柳条等其他植物性材料编制成，并根据墙壁划分宅的境界。大门一般设在中轴线上，有的人家采用光棍大门（衡门），门扇亦用植物性材料或木板制成。光棍大门和柳编墙的做法，构造简洁朴素，它是满族原有建筑做法。特别是吉林东部一带，木材产量丰富，因此在当地的居民造房时使用木材很多。例如一般人家都有很高的木板障（木板做的外墙）围绕，制造得很整齐而且美观。在同样地区汉族的农家则用土筑。主要原因是满族自古以来生活在森林附近，他们建设一切房屋习惯于用木材作为主要材料。

房屋平面，一般采用三间，俗语常讲"三间草房四铺

图 101 永吉县卢屯一住宅室内火炕（万字炕）

图 102 永吉县汪屯一住宅草房罗汉山顶

炕"，屋中南北炕当中以万字炕连接。据《扈从东巡日录》所载："其居联木为栅，上覆以瓦，复加以草，墙壁亦以木为之，圬泥其上。地极苦寒，屋高仅丈余独开东南扉。一室之内炕周三面，温火其下，寝室起居，虽其盛夏，如京师八月……"这种做法样式与现在房居仍然相同。室内分间也是由于祭祀祖宗用借间法使上屋宽大。除一部分例子外，多数受到汉族的影响而不设倒闸（暖阁）等。就是三间房子也是采用四铺炕的布置方式，西屋不借间，在堂屋内设四个锅台，变成厨房。房屋的进深是 7 米左右，间宽为 3 米左右，方向则以向阳为主，据调查北栏、旧街、杨屯等三个屯的统计，90% 为正房。

从外观上看，房屋墙框多采取青砖或者是土坯砌成。另外有一种房屋，全用木板制做，中间夹以锯屑，在吉林东部山区较多，这也是满族原始住宅形式之一。屋顶苦草，为双坡式，在脊部用木杆压草，杆头相接连至坡顶交叉。这种处理手法也是满族房屋原有特点之一。由于它的流传影响到日本。试观日本之"天地根元造"式样可能即是由此而来。另外的一个主要特点，是房屋正门偏在右侧，它

是由于"借间"的结果。

房屋窗子排列整齐，下扇装满玻璃，当阳光照射后呈现黑洞，上扇裱糊白纸，因而黑白对比甚为强烈。窗棂花纹做成各式的格式图案，远看房屋立面黑白分明整齐大方。在这样的朴素基础上又加以重点装饰，如门窗棂、山墙的博风板等。房屋前面，为接受阳光而加大窗面积，背面则阴冷很少开窗。这一带满族房屋都做双坡顶，屋顶坡度在 30 度以上，山墙两侧都钉以木博风板，表面涂饰朱红色。当地语"红博风"，是代表这类人家房屋规整而富裕。另外，也有的做法，在正房房顶两端加小青瓦三拢，置于边缘，和披水墙、博风板相接，做出脊头，中间则仍然苦草，这样形式叫作海青房。海青房的特点，介于瓦房和草房之间，当风大时候屋顶不易被风吹走。如永吉县汪家屯某宅海青房顶很雅素别致。盖草房经济省钱，因为瓦件工料昂贵，草房可以自行割取，成本费较少，再加上冬季严寒，房屋用草顶起到很好的保暖作用。另外，在草房的上部怕风吹掉房草，用木杆压上，两杆相交作马鞍形物，是满洲原始特点之一，如《黑龙江外纪》：

图103 永吉县乌拉街旧街住宅正房及坐地烟囱

"屋脊置木架压草，以防风摄，谓之马鞍，亦有以砖代者不多见"。据西清著《宁古塔纪略》："房屋大小不等，木料极大，只一进或三间五间或有两厢，俱用草盖，草名盖房草极长细，有白泥，泥墙极滑可观，墙厚几尺然冬间寒气侵入视之如霜屋，内南、西、北皆侥三炕，炕上用芦席上铺上大红毡，炕阔六尺……"，目前布置情况仍然如此。至于草房构造，基本上和瓦房相同，全部都是用五檩五枕，三间四架的做法，也就是三间房四根大柁，在大柁之上又有二柁。椽子上部用木板和劈柴，抹坐泥12厘米厚，上部苫草30厘米左右。山墙自边柁以下砌土坯或做版筑墙，山柁以上用草辫编墙，双面抹大泥。大柁、二柁、瓜柱等均暴露于外，檩杆端部钉以封檐板，门窗整齐但马窗窗台高起，这样区分出大窗和小窗。总体看来，虽无城镇大型住宅高大和豪壮，作为乡村住宅水平是很讲究的了。满族房屋经历了若干年代，但是室内外形式仍然是保存旧的型制。例如杨宾著《柳边纪略》中所记

图104 永吉县卢家屯住宅正房山墙

述的宁安一带满族房屋构造方面仍然与今天在乌拉一带相同，"宁古塔屋皆南向，立破木为墙覆以苫草厚二尺许，草根当檐际若斩，绚大索牵其上，更压以木，蔽风雨出瓦上，开户多东南，土炕高尺五寸周南、西、北、三面空其东，就南、北坑头做灶，上下男女合聚炕一面，夜卧南为尊，西次之，北为卑，晓起则垒被褥于一角，覆以毡或青布，客至共坐其中不相避，西南窗皆如炕大糊高丽纸，寒闭暑开，西厢为碾房，为仓库（满语曰哈势）为楼房（用做贮食物）。四面立术若城（名曰障子）以栅为门，或编桦皮或以横木，庐舍规整，无贵贱皆然，惟有力者大而整且"，又据林惠祥《中国民族史》谈："清初满族人的生活系射猎、定居、住木屋，屋内有炕……入关以后，渐易旧俗，惟关外者改变较少"，确实是这样的。

厨房分为两种，一种是按满族民族原有的风俗习惯布置，在东屋的后半部，使厨房内的杂乱物品隐藏于后面，这是比较好的处理方法。有时因为间架窄小不易操作，学习了汉族的习惯，将厨房搬于外部，厨房内的锅台安置大锅，一般尺寸 1.2 米 × 0.70 米，用砖砌成。灶坑留在旁侧，厨房内设水缸一个，倚在墙角，多半利用晚间或清晨将水担满，厨房内部比较拥挤。

满族农家的储藏室，一般都利用厢房，如只有正房人家则于正房的旁侧建储藏室俗称"小耳房"，放置杂物等。有的人家，在正房之后建设圆形仓房，当地叫做囤子，专为储存粮食之用。囤子的做法以圆柱绑成框架再以柳枝编织，内部抹泥，上部盖顶。

一般都采用独立式烟囱，称为坐地烟囱。可以使房屋整齐，在一些人家用青砖砌筑，有的则用土坯砌。其形状方、圆不同，形制如同小塔。这样独立坐地式烟囱高，风不能直接吹入烟囱内，使灶内焚火极易燃烧。如《黑龙江外纪》所载："侧屋烟突过屋数尺，砖者望之如窜堵，一家不啻五、六座，亦有土木为之者，卑陋不耐风雨"。至目前为止，所砌筑的比上述有更精细的。例如永吉县卢家屯某宅，正房风门开在东南，坐地烟囱高起于两侧，充分代表满族住宅的特点。永吉县卢家屯某宅庭院，院心广阔。永吉县汪家屯某宅正房，受到汉族影响后产生对称式房，窗子下部满装大玻璃，阳光照射下非常美丽，设计得很是规整。永吉县乌拉镇旧街某宅，正房门开在东南侧，马窗窄小，檐下供有天地牌一个，土烟囱如同小塔。永吉县卢家屯某宅，正房山墙、木博风、梁柁、瓜柱都露于外部，成为典型的例子。

第四章

汉族居住建筑

汉族居民前往东北开拓荒地为时很早，从汉代就已开始。

吉林地区的汉族居民绝大部分是来自山东、河北、山西等省，多半从事工商业或农业生产，分散居住在城镇和乡村。同当地的满族人民杂居一起，修建了许多与满族民居相似的住宅建筑。

第一节　城镇中的住宅

一、住宅总平面

汉族住宅建筑的总平面布置多是前后长、两端窄的矩形，主要因为院子深度大，而且前后相连。单层院则接近方形，多层院则成为矩形。内部如果按院子划分则分为三种类型，即单层院、双层院、三层院。单层院在一个住宅内有一个院子。如吉林市三道码头李宅，大门向西，六间正房并列于北侧，东厢为客厅，西厢做厨房，西厢用单面游廊相连，成为一个小四合院，不做对称式，不仿古制，这是比较特殊的例子。倚墙建造游廊，并在廊内墙面陈列碑刻书画可随时观赏，这是古代居住建筑中的传统手法之

一。这座院子是利用地形设计的布置很为巧妙。双层院是在一个院子内用腰墙划分做前后两个院子。前院是佣人活动的范围，后院前、后是主人家居住的中心，主要特点是院内没有回廊，只在地面上用甬路连接正房，宁可将宅地面积空留着在各房的端部不加建耳房，使房屋都成为单座独立式，互不相连。除此之外大门，二门、正房三座相对，全部在一个直线上。如吉林牛宅胡同5号某宅为三合院式，正门做屋宇型单间式砖大门，二门做砖垛二柱式，住宅房屋疏朗又规整，用二门分为外院与内院。另外吉林江沿街肖宅是一处完整四合院，门房采用五间，是比较少见的例子，在门房的左侧建筑两层读书楼，可以登楼远望大江，饱览自然风光。在平面上完全对称，但在空间处理上则不影响四合院的应有气氛，主要是读书楼位置设在拐角的缘故。另外的一个例子是吉林通天区头条胡同张宅，住宅的布置有五正六厢，门房和正房对称，东西厢房对称，并利角腰墙和拐角墙将六个单体房屋相连接起来成为一组整体形式，再用大墙包围四外，宅内周围空旷余地十分舒展。多院式是在一个宅内接连三个院子至三个院子以上，使院子的深度增长。这对人口多的家族，最为合适。吉林市通天区三道码头牛宅和湖广会馆胡同牛宅两处都是三个院

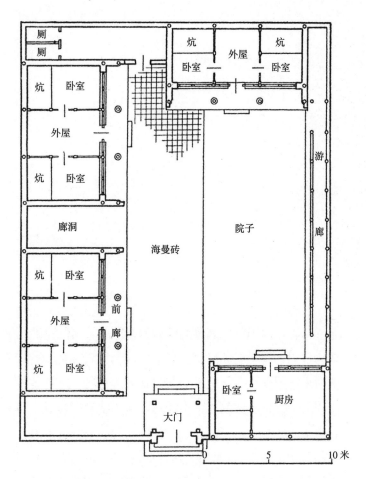

厕
厕

炕 卧室
外屋
炕 卧室
廊洞
炕 卧室
前
廊
外屋
炕 卧室

炕 外屋 炕
卧室 卧室

海曼砖

院子

游
廊

卧室 厨房
大门

0　　　　　5　　　　10 米

图 105　吉林市三道码头李宅总平面图

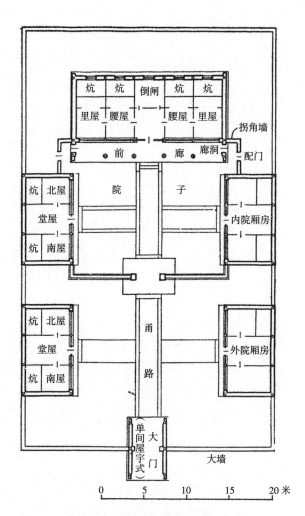

炕 炕 倒闸 炕 炕
里屋 腰屋 腰屋 里屋
拐角墙
前　廊　廊洞 配门

炕 北屋 院 子 内院厢房
堂屋
炕 南屋

甬
炕 北屋 路
堂屋 外院厢房
炕 南屋

（单间屋宇式）
大门 大墙

0　　5　　10　　15　　20 米

图 106　吉林市牛宅胡同住宅总平面图

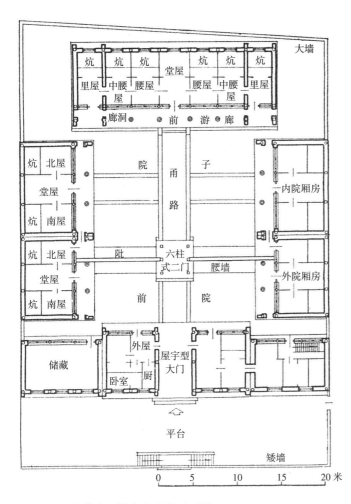

图 107　吉林市江沿街肖宅总平面图

图 108　肖宅院落外景

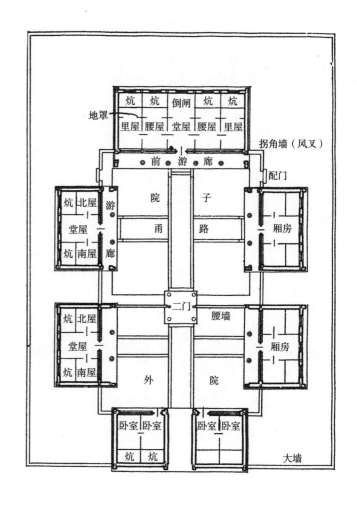

图中文字（总平面图）：

地罩

炕　炕　倒闸　炕　炕
里屋　腰屋　堂屋　腰屋　里屋

拐角墙（风叉）

前　游　廊

配门

炕　北屋　　游　　院　　　子
堂屋　　　　　　　　甬　　　路
炕　南屋　　廊

厢房

二门　　　腰墙

炕　北屋
堂屋　　　　　　厢房
炕　南屋

外　　　院

卧室　卧室　　　卧室　卧室
炕　　炕

大墙

0　　　5　　　10米

一字影壁

图 109　吉林市头道相同张宅总平面图

子相连的大宅。院子内部完全做对称式，主轴中心分明，主要建筑均以此贯穿。院子内以正房为主，正房都做五间较大的房屋，前面带廊。通天区三道码头牛宅正房前端做有抱厦使得屋前端更为宽广。在平面上看住宅的中心，是以当中的院子为主，四角用拐角墙连接。两个住宅的大门也都采用五间门房当中的一间辟门作为门洞，这种做法是两个院子的平面在最后加上一个院子，因而增长了住宅的用地。

庭院的布置和其他一切单项建筑均和满族住宅相同。唯有吉林三道码头牛宅腰墙雕砖比较细致，雕成二十四出戏，人物生动异常，特别是画心做透雕，线条的立体感很强，柔软活泼。另在吉林市江沿街牛宅的腰墙上做矩形什锦漏窗，前后院可以相望而又有隔挡，非常别致，这是吉林唯一的漏窗。至于院内的布置，也有很多人家栽植树木花草，以调节空气，增加美观。例如吉林市白旗堆子某宅院子古树粗大花草满园，使住宅增加园林风格。

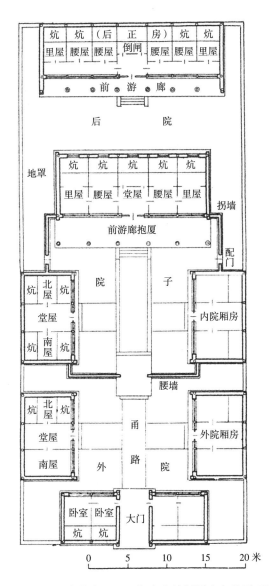

图 110　吉林市通天区湖广会馆胡同牛宅总平面图

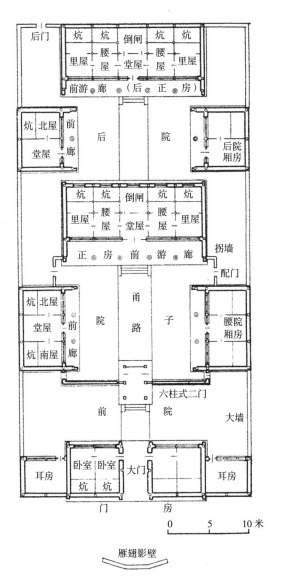

图 111　吉林市三道码头牛宅总平面图

图 112　吉林市江沿街肖宅二门台阶及元宝石

台阶和甬路的布置也和满族住宅相同，它也和房屋一样有主次的区别。正中轴线上的甬路和台阶都比其他地面高起，通向两厢台阶则稍低。如吉林市德胜门外王伯川宅就是这样布置，将石条砌成两边，当中镶砌砖心或做花纹，层层有序，规整异常。吉林市江沿街肖宅二门台阶及甬路全用石条铺砌并于滴水处设元宝石，整齐洁净构成局部装饰。

大门的类型，做法完全和满族住宅相仿，也是分为砖门楼、瓦门楼、板门楼、衡门等式样，唯汉族对大门局部的装饰特别考究。例如角柱石（迎风石）的雕刻，则推吉林市湖广会馆胡同牛宅。刻有吉祥福寿、束莲与古钱等花纹甚为精致。燕尾（雀替）雕刻则推吉林市二道码头某宅大门，雕有房屋松云和院墙人物等画，刻工精美。除此以外有的人家受到清末流传的"洋门脸"建筑潮流影响，在砖垛式墙门上雕刻繁琐的装饰。如吉林市三道码头李宅砖垛大门，就是这样做法，它的特点是将这些装饰都用之于局部，做得十分繁琐。这是清代晚期建筑雕刻艺术发展走向细腻状态的典型。

二门也和满族住宅相仿。如吉林通天区湖广会馆胡同牛宅，二门平面和剖面构架清晰，部分装饰也很华丽。唯

图 113　吉林市通天区湖广会馆胡同牛宅大门
迎风石（角柱石）雕刻

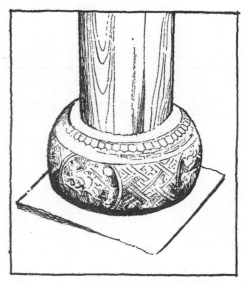

图 114　吉林市三道码头牛宅二门柱础石

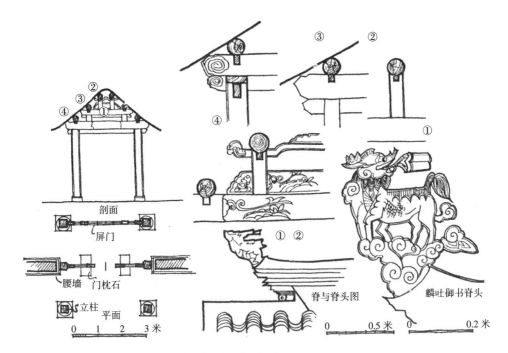

剖面

屏门

腰墙　门枕石

立柱　平面

0　1　2　3 米

脊与脊头图

0　　0.5 米　　0　　0.2 米

麟吐御书脊头

图 115　吉林市通天区湖广会馆胡同牛宅二门实测图

图 116　吉林市三道码头牛宅二门穿头砖

图 117　吉林市通天区一宅腿子墙枕头花

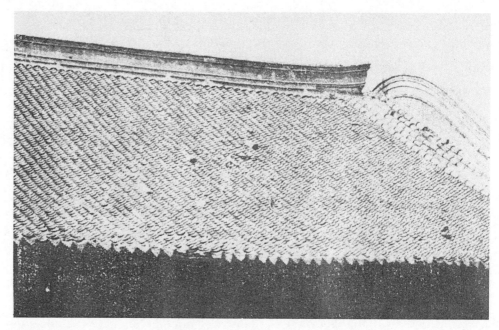

图 118　吉林市北关住宅正房瓦屋面

独重点部分的装饰是普遍趋于细致。如吉林市三道码头牛宅二门的柱础石和穿头砖，都是做规整的图案和不规则的花纹，雕工是精巧的。至于影壁的雕刻也数吉林市湖广会馆胡同牛宅一高两低式砖影壁交接处枕头花为最精美，并在影壁的檐部装修都用磨砖模仿梁枋式样。

二、房屋建筑

　　汉族房屋和满族房屋相仿，正房高大，厢房稍小，厢房和正房是分离建筑，没有廊子联接。厢房的距离是根据正房的长度并使两厢尽量躲开。正房和厢房的用料粗壮，举折高矗，坡面平直，仰瓦整齐，端部加滴瓶、连檐、飞橡，但是圆橡尺度大。结构是采用六檩构架，都带有前廊，这是它的特点。如吉林市北关某宅正房和厢房相互的关系，不采用任何方式连接，正房和厢房造型都是最雄伟壮观的代表作品。吉林市江沿街肖宅正房前廊有廊洞和厢房相通，如不走二门由两侧也可通过，布局灵活。如不做廊洞者在廊的两端做看墙，看墙墙面雕以极精致的砖刻，上部加建

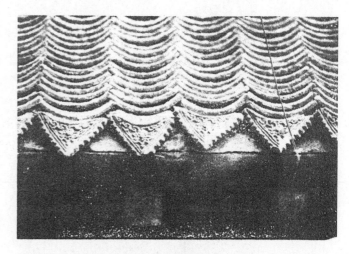

图 119　吉林市北关住宅正房檐部滴水瓦

图 120　吉林市三道码头牛宅正房腿子墙枕头花"榴开百子图"

图 121　枕头花"鹊雀登梅"

图 122　枕头花"莲花百岁（穗）"

图 123　吉林市镶白旗胡同李宅正房透雕燕尾

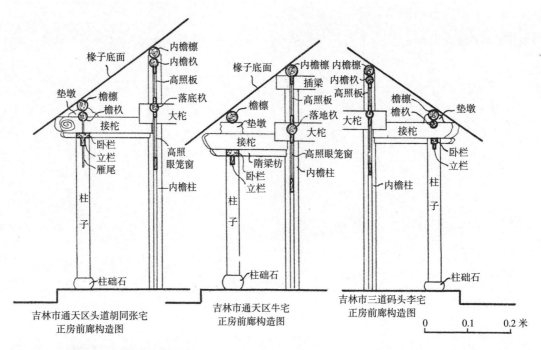

图 124　吉林市汉族住宅梁架结构图

一个带斗栱的屋檐使出入于游廊的人随时得到欣赏。吉林市三道码头牛宅正房前檐，前檐山墙迟头（当地叫手巾布子）每面上下两块雕刻，作为房屋的重点装饰，还刻出"榴开百子图"、"鹊雀登梅"等花纹和博古等，效果甚好。门窗已经改换，但仍可看出梁架木料的粗壮，柱子甚粗，燕尾做透雕，形象与花纹十分别致，颇似吉林地方古代庙宇的建筑式样。

　　室内布置按间划分，正间谓堂屋中间做木隔墙，设大型花窗。吉林三道码头牛宅东厢房的大花窗，有福寿喜桃等花纹，并在窗上做祖龛，为汉人供祀祖宗的地方。在隔墙的后部设倒闸，居室分别在两稍间和尽间，因为屋内进深很大，前窗下设桌椅，当中做地罩。例如吉林通天区头道胡同张宅地罩及李宅地罩，雕刻蝙蝠金钱图全部为透珑雕刻，云纹回旋是很秀丽的。而各家大部分将火炕设在北侧。

　　房屋的构造包括砖瓦、木、石等方面，其工程做法和满族相仿不再详细叙述。房屋的梁架结构也是大木式，分为老檐出头和插梁的做法，现在根据实测的前廊选取三个例证，作为汉族城镇住宅房屋梁架构造的典型。屋顶做法同满族住宅做法相仿，屋上做清水脊、陡板脊、泥鳅脊、脊头上翘并做成砖刻的花饰，是一处很精美的局部装饰。吉林船营区石老娘胡同其他住宅，在山尖处，做山坠（悬鱼），式样变化多。吉林湖广会馆胡同牛宅正房山坠做一条透雕大鱼，甚为生动。北仓后胡同某宅的山坠雕出蝙蝠金钱。至于窗子的形式都基本上采用支摘窗，上扇做花格里面糊白纸。下扇装玻璃透光明亮做得很轻巧，当阳光照射后窗纸很白，玻璃阴影呈现很黑深洞，对比之下非常清晰而又悦目。特别是适用支摘窗双层窗，白日支起上扇，夜间关起，既保温，又美观。在正房山墙山面山坠之下部往往镶嵌一块方形浮雕，名曰腰花。它的内容雕刻式样很多，几乎一座房屋一个式样。例如通天区东合胡同时宅腰花雕做突起之雕刻。风门（屋门）设置门帘架并且安装单扇门。至于其他方面细部构造等可参阅满族住宅。

图 125　吉林市通天区湖广会馆胡同牛宅厢房山坠

图 126　吉林市北仓后胡同某宅的山坠

图 127　吉林市通天区东和当胡同住宅腰花

图 128　吉林市石老娘胡同住宅脊头

图 129　吉林市江沿街肖宅正房前檐支摘窗

图 130　吉林市三道码头牛宅东厢房大花窗

图 131 吉林市北仓后胡同住宅双喜窗花

图 132 吉林市北关住宅帘架型风门

图133　永吉县大官屯住宅远景

第二节　乡村大型住宅

农村的大户家庭人口组成，一般在十口人以上，自家又经常雇用几个劳动力耕种住宅附近的土地和菜园，因此，住宅宽大，房屋的数量很多。他们房屋宅院的特征，多半从防御性着眼，使用高墙把院内分散性的房屋包围起来，前端有大门，室后有角门，不使外人看见内部。在住宅的四角建设防御性建筑—炮台，当地将这类住宅叫作"响窑"。

这种住宅多由许多人家联合而聚居，或者是由同姓家族分居后而聚居的，都建庞大的院子互相连接成为住宅街坊或者构成小的村镇。例如舒兰县的杨公道屯，九台县的成家瓦房等都是由地主大院组成起来的"响窑街"、并用地主名称叫作地名或者是地主名字叫作地名，如张广财、赵家岗、杨大发屯等皆是。较大的地主住宅并采用历代所沿用的堂名为代号，如舒兰县白旗村的"东和堂"，是姓谭的大宅。法特村"天一堂"是吴姓大宅。其他如溪河聚善堂是王姓大宅。也有的人家已不存在，仍将其地名叫作堂名，堂名作为地名。

乡村大宅门墙高耸，院内面积广阔房屋松散，一切生活上和所有各方面的设施都包入一院之内。炮台是防御性的建筑，因为它是两层的方形楼阁建筑，所以也有的地方叫"炮楼"。它是吉林中部平原和黑龙江平原地区地主大宅常用的建筑，它是地主大宅中建筑的组成单体。

一、总平面布局及附属建筑

住宅地势的选择一般都在平坦地方，大门口面对马路，或在丘陵的向阳侧或在水边、江边较高的地方。在院的前后左右栽植榆树、杨树、树干高大能调节院内的空气又可防风，这样布置使住宅更加深邃而又古老了。院子平面形状，多纵长方形和正方形。平均面积在6000平方米。基本上都是大院子中间设三合房，院子周围有大墙包围，内部房屋或三合房、四合房配属其间，特殊的较大住宅用两个院子，三个院子或带有跨院的布置。三合房正房较高厢房较低，两端厢房前端都建有套房，形状较厢房低矮，充分显示主从的关系。全院内以中轴线为主，成为对称的布局，大门设在中轴线上最前端。因为东西厢配置很长大门距正房较远，因而院落颇为宽敞，比一般城市住宅的院子宽大深远很多。院子的前半部停放车马牲畜，和放置佣人所用的生产工具，厢房作为仓库使用。正房后部为后院，其面积大小不等，多半将粮仓、囤子等放置此处。地

图 134　永吉县北篮屯某宅外景

图 135　永吉县哈达湾住宅大门外景

图 136　舒兰县溪浪河村住宅外景

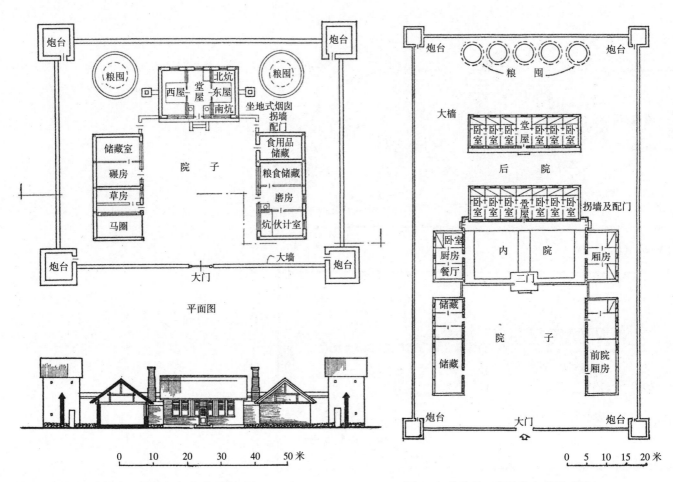

图 137　舒兰县白旗屯八棵树谷宅总平面剖面图

图 138　扶余县八家子张宅总平面图

主大院的形式，据《白山黑水录》所述："富豪邨它甚多，土壁高丈余四隅筑楼，设女墙自卫以防马贼"，这充分说明这样的布置在清代早已形成了。舒兰县白旗屯八棵树谷宅，平面成为矩形，四面夯土大墙，四角建设草顶双坡土墙炮楼。院子正房和大门在同一中轴线上，正房三间两边设坐地烟囱、构成正房左右对称式，两端建设粮囤子容积很大，也做对称式。厢房各四间，马圈、碾房布置在西厢，伙计屋子（佣人住室），磨房布置在东厢，院内面积是按房屋为标准决定，比其他地主院子稍局紧，且受到地形限制，不够舒展。谷宅家中 12 口人，房间面积不很宽敞。

扶余县八家子乡张宅，南北极长，构成长方形平面，它形成的原因，是由于正房采取七间，厢房内院三间外院七间，又有后正房构成后院，在后正房的最后部又有大囤子五座，因而使得宅地甚长，面积广大。张宅前院厢房基本上都作为储藏房、库房使用，院内车马都可以停留，因此，修建腰墙分隔，内院作为家人主要活动的地方并栽植花草，院子内部建设平房，空间感觉非常开阔。另外双辽县县城吴宅，建成了纵长方形的宅院，院子前后空地很多，四角建设炮台，房屋布置间数很多，主轴线三条。最前端有雁翅影壁一座，屋宇型大门五间，经二门，过厅而至正房，用三进院子连接而成。在院子的两侧又建厢房、正房，因

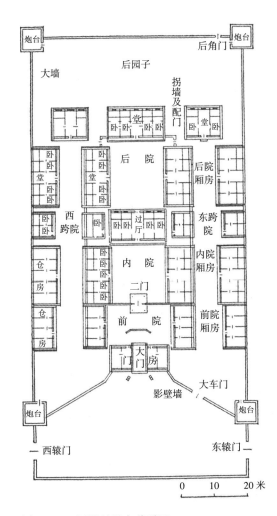

图 139　双辽县城吴宅总平面

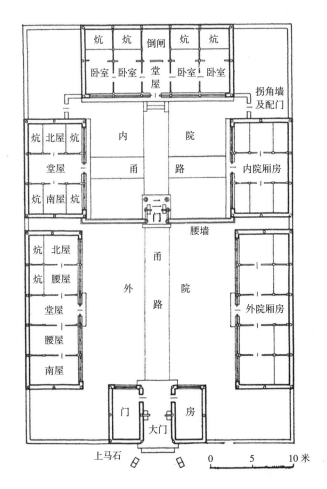

图 140　双辽县某宅总平面

而形成了侧面的双跨院，共计房屋 80 多间。这座住宅另外一个特点是大门和炮台连接大墙做八字斜墙，使得大门外开阔，有很大的空地，在东西端又建设东西辕门：使得进宅的人通过门宇重重，表示出官僚地主住宅的特点。双辽县城某宅，未建炮台，宅地选为纵长方形，采用正房五间厢房八间门房三间的四合房式，二门建设在内厢房的好端，腰墙前后分为两个院子，十分宽大。

二、院落内各部分做法

- 大门　住宅大门的位置在院子的中轴线上，正对正

房的风门（屋门）。大门甚为高大，与高墙互相衬托，一般方向都向南。个别人家有向东的叫作"东大门"，向北的叫"北大门"。门的式样由于地区的不同，其构造及形式也可以分作三种类型，第一板大门、第二砖大门、第三光棍大门。板大门的式样和构造法基本上和满族的木板大门相类似，只是大门去掉了两端的配门成为单一体。构造的工艺技巧均不如木板大门细致，甚是粗糙。这种大门在松花江流域各县如舒兰、榆树、永吉等县平原地带用得较多。如榆树县城关区李宅板大门形式高矗，工程较为精致，它和房屋形式很为调和。这种大门的特点制做简单、省工，

图 141　榆树县城关区李宅板大门

图 142　板大门脊头

但是，从底到顶都用木料制做，不防火，又浪费木材，经年久远，木质腐烂容易倒塌或歪斜很不坚固。砖大门用砖砌成的屋宇形制和满族的砖门楼大致相仿，受到这类砖门楼的式样影响。乡村住宅中大墙都用土筑和砖大门相连不甚调和，又兼砖的材料甚少因此这样大门很少。光棍大门（即古之衡门）受到满族原始形制影响，在一般中等人家，采用这种大门的最多，它的构造式样基本相同。

金满斗大门是扶余县大型住宅特有的大门式样。它的产生由于"虎头房"的系统而形成，因为做平顶大门不甚美观，又因自然条件而不能起脊，做成很小的坡顶如斗底形，前后用女墙围挡谓之金满斗式。它的形制犹如我国古代建筑的盝顶殿的"盝顶"式样。它是属于屋宇型大门的一种，和当地房屋具有同一格调。例如：扶余县城东街某宅的金满斗大门宽广厚重，门顶前后做成花脊，两端斜翘于上，因而挡住了平直呆板的屋顶，瓦檐的曲线韵律极其自然。金满斗式大门与屋宇型砖大门相似，是同一种形式

图 143　扶余县城东街住宅金满斗式大门

图 144　舒兰县土坯墙"狗咬牙"砌法

图 145　扶余县八家子乡住宅垡子墙

图 146　农安县住宅草辫墙

而局部变化的例证。

另外，大门的色彩一般涂黑色。称作"黑大门"。涂黑色原因一方面朴素大方，另一方面为了作为一种象征。

● 大墙　它是住宅的四周宅墙，因为是防御性建筑，其高度约 4～5 米，高出子房屋檐部以上。其厚度不同，大致在 1.2～1.5 米不等，其加厚的目的是为了防御枪弹之用。大墙的基础一般采用石块垫底，高约 50 厘米。如用土坯砌筑其寿命可以延持 30～50 年之久。据调查所得筑墙材料有四种。土坯墙是用土制的土坯使用黄泥浆砌筑，当干透后甚坚固。土坯一般的规格尺寸是 24 厘米 ×5 厘米 ×18 厘米，这是使用最广泛的一种，砌法常用长身咬牙砌，花纹美观。垡子墙用垡子块趁潮湿砌筑。垡子块尺寸大约在 40 厘米 ×15 厘米 ×22 厘米左右，墙面因有草根不怕雨水冲刷，墙的表面不必抹泥也仍然很耐久。这种做法在砌大墙时应用甚广。扶余县八家子乡某宅垡子墙砌筑很厚，垡子块亦甚整齐。草辫墙是用谷草加入泥土再将草卷入泥汀成草辫，作为墙身干透连成一个整体极坚固。

图 147 舒兰县住宅夯土墙秫秸枕头

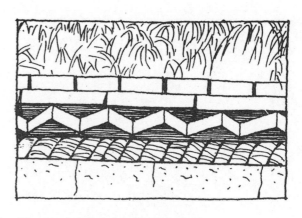

图 148 永吉县大官屯住宅堡子墙顶

这种做法需要谷草多，土打墙在沙土地带做墙可以节省人工做土打墙。土打墙的土用油沙土，特别用油沙拌合干土最好，先用木板夹成墙框，预定大墙厚度，再填入油沙土用棒子干打和房屋土打墙的做法相同。为了使墙的寿命增长，土打墙墙面表面也涂抹泥土，抹泥面的材料是用细羊剪（音角）混合黏土做成加入少许细砂抹至墙面的厚约 2.5厘米左右。墙面需要一年抹一次，每年约在七月末进行，这个时间雨少是秋旱的季节。

墙顶，俗称墙枕头。将墙身砌好然后在上部加做墙顶以防备雨水冲洗墙身。墙枕头有四种类型。秫秸枕，将秫秸切齐比大墙厚度宽约 20 厘米放置在墙顶厚度约 70 厘米左右，其上部再拍黄土，径年长草就更可以牟固。塔头枕，将塔头墩子放在大墙顶上，上部有草根是可以防雨的，是极好的材料。将堡子块放在墙顶上砌成尖状，也起同样作用。圆木黄土枕是在墙顶上直接横放圆木，其上再拍入黄土，黄土上生草使得墙顶坚固。以上这四种方法都是各地区大墙头的主要做法。例如永吉县大官屯王宅土坯大墙的做法不用秫秸而砌砖三层，最下层又示意斗栱用草瓣承托将土堆置其上，是很巧妙地处理手法。

图 149 德惠县住宅土墙圆木黄土枕头

图 150　白城县青山堡一宅土筑炮台　　　　　　　图 151　通化西山住宅平顶砖炮台

●炮台　炮台的形状很多，根据各地方和材料的不同而产生各种式样。但一般都设在院子的四角，每宅四座。据笔者调查时期曾经发现白城县青山堡李宅做七个炮台，因为院子较大，大墙距离过长，因而在各方向墙的中间增加一个。

草顶双坡土炮台，在平原地区如舒兰、榆树、永吉、九台、德惠等县较多，样式和构造情况和双坡草房相同。在吉林西部地区则做碱土平顶式。例如白城县青山堡一住宅土炮台夯土版筑，侧脚甚大具有代表性。

瓦顶双坡土炮台，和草顶炮台基本相同，在这个区域随着砖瓦房屋的构造而建造，其坡度很陡瓦面很平，山墙做挑山式，这种炮台本身设计比例如同一座楼阁，和住宅房屋非常调和。

许多大宅人家用青砖砌成炮台的壁体，在第二层四面墙有采光窗。在砖炮台中又分为起脊式，平顶式两类，平顶式砖炮台上部女墙做成墙的垛口式，如通化西山某宅砖炮台，用平顶做法，从外形来看方整均齐，并采用石块垫底，看出防御性能，十分坚牢。

石炮台，墙面采用石块构造，顶部苫草或盖瓦，这样做法在山区靠近石材地带较多。如辑安县城郊某宅石炮台墙身平面方形，用乱石块砌筑，下部石块较大，上端石块较小，采用石灰勾缝，坚固耐久。

老虎不出洞式炮台建在平原地带的大院，但数量不多，它建在院子的中心部，和房屋正房、厢房、直接相连。做战时，屋内的人不必外出可以直接进入炮台中，防御性较强，所以称作老虎不出洞式炮台。大赉县三合村某宅老虎不出洞式炮台和平顶房连接建于正房，目前炮台上部已经拆毁，尚可看出它的原来建筑式样。

炮台平面方形，每面宽度约 4 米左右，第一层平面四面是死墙，室内黑暗，只安装梯子一个谓之"护梯"，由

图 152 辑安县住宅石造炮台

图 153 大赉县联合乡住宅"老虎不出洞"式炮台

此直达二层。在第二层平面内设小型火炕一铺，入口处自地面向上做有井盖，登入后，将盖关闭，即成为平整地面，夜间更夫可以居住其中。炮台的四周墙壁甚厚，一般在1.2～1.5米左右。炮台外观做得规整，第一层和第二层四面墙壁都设有炮台眼一个，做斜坡状外面孔洞甚小，内部宽大，枪支在内可以左右活动，平斜均可射出，第二层山面的山尖外有采光窗各一，墙顶做成一般房屋式样，各层高度均在4米以上。

炮石构造式样很多，尚有其他一些奇怪形体如五角、三角，但都不普遍。它是一项防御性建筑，今后随着防御需要的消失，将成为历史上的遗迹。

地包，构造类似竖穴，和炮台相互间有密切的关系，一般来说凡有炮台的地方必有地包的设置。地包是地下的炮台，它的位置一般在住宅外部炮台的外围附近不明显的

图 154 敦化县黄泥河住宅粮囤子

图 155　扶余县八家子乡张宅院景

地方，自院内经由地道可以出入其中。建设地包的目的，当交战时，怕自己火力小而失败在炮台上不易防守则转入地下攻击。同时也是院内的人逃出院外的通路。地包的构造挖成方形的深穴，上部做成厚顶，盖上泥土，如同穴居。于接近地面处有小孔整个作为通气之用，其上部则长满杂草与地面相同。在大地主住宅中部分人家有地包，它另外的一个用途是为了包内可藏匿物品。

●粮仓。粮食一般都放在厢房屋内，用木板做成方形的大体积箱子，这种粮仓俗称"方仓子"，它用5厘米厚的松木板做成，四角交接处用公母榫相交，有方形、长方形两种。另外一种是用柳条编织的圆形囤子，内部抹黄土上部用草顶，放置在正房后部或两旁，是比较经济的做法，也是一种临时性的建筑。除此以外还有包米楼，为装玉米，有的制做简陋，有的比较考究，如辑安县南城某宅做三间式玉米楼完全为木构造，第一层用板条墙内放储藏物品，第二层做直槛栅栏式墙可以通风。关于玉米楼的建筑其形式和构造受到干阑式建筑的影响，也可以说是干阑式建筑的一种方式。

三、房屋建筑

乡村大型住宅都有正房和东西厢房。正房是院内主要房屋，一般做三间至七间。屋内设南炕与北炕。南炕因阳光充足窗子大比较温暖，成为居住的中心。特别是老年人都愿意居住南炕，北炕阳光不足显得阴暗，昼间活动于北炕较少。炕梢安放木柜等家具，炕梢温度不高、甚干爽，使物品可以免去潮湿。当入睡时，于炕沿处都放下幔帐作为遮挡。较大的房屋内火炕设在北端，较小房屋火炕设在南端，当炕设在北端时在屋地中间做地罩划分空间，使得睡眠时更加安静。厢房包括东厢和西厢，厢房内住人的比较少，多利用做仓房和其他使用，例如碾房、磨房、粮仓、

图 156 郑家屯住宅院景

牛马圈或者佣人居住等。仓房是小型的储藏室，家常日用品和短期内所使用的物品等都藏在其间，特别是在封建社会遗留的习惯中愿意保存祖宗遗物，使之物品传家，因而日积月累就增加了物品，储藏房屋的面积也随之增多。如舒兰县西三村的一些住宅，大多数住户有三间屋子的容积来装设祖遗物品。碾房为安放碾子的房屋封建社会称碾为"白虎"，故设在西厢之内。磨房，是安放石磨而用的房屋，甩磨将麦粒可以磨成面粉，封建社会将磨称为"青龙"，故设在东厢，催工也住在这里，室内多数都阴冷阳光不足，设备极简陋。马圈、草棚、多数设置在厢房南侧的一端，用其一间或两间不设门窗，仅装以纵横木杆数条，内设马槽，在临近房间设草棚，贮存喂马用的草料。有些将厢房租赁外人居住，或开设油房、磨房等，但是，绝大部分还是空闲，未能发挥有效的居住作用，成了院内配房。

正房、厢房的构造大致相同，其中仅是进深与面阔的宽窄和高度稍有不同，正房高大、厢房低矮，例如：扶余县八家子乡张宅和郑家屯某宅等，都是明显的代表。乡村

住宅建筑的一些做法，有其特点。例如在前檐墙处所采用的材料都用土坯、砖、草辫三种，土坯和草辫墙的房角和边缘处都用砖砌筑。山墙用石底自基础砌至地面以上，再用砖砌成群肩，再砌土墙四角镶砖，不但坚固而能防止潮湿。墙的面积较大占有一定的比重，窗洞面积很少，充分看出防寒的性质。

院心地面都用沙土垫铺，少数人家则用转做成台阶、甬路。院子内部灰土很大，每当雨后甚为泥泞，外院地面车轧后，有很深的车辙，积水和淤泥很多。

第三节　乡村小型住宅

一、松花江两岸平原居住房屋

松花江上游沿江以东的平原地区，绝大部分是砂土、黑土地带。这个地方土质肥沃适于农耕。由于农田出产量大。居民的经济力量比较充足，因而建设房屋也比较宽

图 157　九台县三台子村远景

图 158　舒兰县白旗屯西孤家子村远景

图 159　榆树县花墙子村住宅草顶大门

大，同时，受到满族人居住建筑的影响对住的问题，比较重视，使房屋建筑手法产生特有的风格。

　　农民住宅大部分都为分散状态，一处只有三家五家，主要因为将房屋建筑在田地的周边，使得耕种田地方便。住宅的周围栽植树木，如舒兰县西孤家子村某几处住宅的远景就是建筑在道路的旁侧田地的附近，这样的布置方法也能使得宅地空气清新。

　　●住宅的总体布置　布局与其他地区基本相似，都采用三合房式布置。以正房为主，中间院子，宅的四周用墙包围，形状有正方、长方两类，其中以正方形为最多。宅内布置比较紧凑，平均每宅用地面面积最小者为120平方米，最大者2000平方米，平均在1000平方米左右。宅和宅之间都不相连，中间距离有很多空地。住宅的周围都设置菜园子、猪圈、柴垛、粪堆等，至每年秋季在门前地方坪作"场院"用为打庄稼，每个住宅的周围都很杂乱。

　　宅内院子广大，都可以通进车马。一般农家都把正房

盖得很好，很完整，有的只盖正房而不盖厢房，把厢房都做成最简单的棚子，作为储藏使用。

　　住宅外墙的材料是根据当地情况选择的，分为三种秫秸障，就是用高粱秆绑成。下部埋入地下20厘米，上部用秫秸捆绑，高约2.2米左右，这种做法适合于低洼地带。柳条墙，用木柱立于地上在横方向编织墙壁约1.8米左右，这样墙壁平原地带较多。土墙，农民住宅土墙都不太高，约2米左右，墙上也做枕头，砂土和黄土地带做土墙较多。

　　●大门。大门的位置和正房相对在一条轴线上，大门的形式一般有三种做法：大门处留空地位而不做大门，只是有一个缺口，主要是因为经济力不足不能安装大门，这样的人家很多，约占总数1/2以上。衡门形同满族民居中衡门式样，但所用材料很小，构造方式也得简单。草顶屋形大门，用土坯墙砌成，上部做草顶，在榆树县房屋用这种形式非常多。如榆树县花墙子某宅草顶屋形大门同单间房屋，门扇安装在前檐柱上，门洞很深是乡间农民住宅建

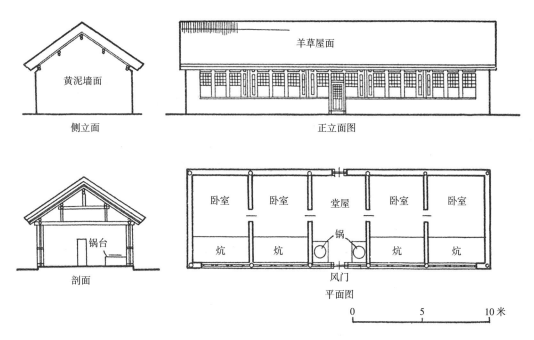

图160　榆树县花墙子村住宅平面图

筑特有的形式。

● 房屋建筑。房屋建筑式样构造和满族乡村住宅基本相似，但不如满族房屋整齐。平面以三间为主，个别者做五间，每间的尺寸由 3.0 ~ 3.4 米 × 5.0 ~ 6.0 米。

在平原地区一家住三间房，从屋门上区别有两种形式，一种将屋门开在中间，这是最普遍的，也是汉族的传统习惯。如永吉县关屯某宅就将正门开在正房中间，门窗整齐屋顶高昂。外墙使用砖墙，墙基做石底。永吉县杨屯某宅正房也是将屋门开在正中心，但是马窗①台（槛墙）高起一部分，主要因为中间房屋内不需用更多的阳光。另一种将屋门开在旁边，如将屋门开在房屋左边，右边两间为居室。这样布置的一个缺点就是东西屋不分开在使用上极其不方便，一般小家仍然使用这种形式。如榆树县花墙子乡某宅正房就是采用这种式样。

正房为五间房时，将门开在中间和三间房相同，等于每端加建一间，人口多的人家常用这种形式。五间房的缺点是居住在两端梢间房屋的出入时必须经过腰屋不便。如

榆树县花墙子村某宅正房是五间，每间开窗三樘，室内明亮，是一处很长的房屋。

造屋时都以当中的主间为中心，将它用作各间出入的通路又兼作厨房使用，两端的房间辟为居室。这个厨房叫作堂屋地，在内部设置三座或四座锅台，当中堆置薪材，安放水缸，有的人家在厨房的中部安置高桌兼作食堂使用。这样处理方法，由于厨房内面积不大，又需要这样多的活动，因而使厨房内拥挤杂乱。

在居室的内部设对面炕，以南炕为主，由于使用上的不便，近几年来已将北炕减少了。

房屋的式样，均做双坡顶挑山式，屋顶高大前檐墙门窗开阔，三面都是土墙。房屋的结构部分则采用木柱横梁式的骨架做法，柱子的高度在 3 米左右，所使用的木材为松、杨、柳、榆……房架形式可以看见，按其种类可以分为三种；三条檩式（三柱香）、五檩三枚式，五擦五枚式。

①　马窗：房门两侧的窗。

图 161 永吉县大官屯住宅正房

图 162 永吉县九站村住宅正房

图 163　永吉县二道河子住宅正房

图 164　榆树县城郊住宅正房

图 165　榆树县城郊住宅厢房

图 166　榆树县花墙子村住宅

图 167　榆树县住宅厢房（贮藏室）

它和五檩三枕不同之点是增加了二道腰檩。房屋的横向架檩，纵向挂椽，一般做法都相仿。

●门窗。门窗一般采用松木制做，做工比较粗糙，窗棂采用方格状，外部裱糊窗纸喷油，虽淋雨水窗纸不致脱落。这种方法由来已久，如魏毓贤《龙城旧闻》："窗户冬日皆外糊厚纸，涂苏油或豆油以御寒风"，目前的做法仍然和所记相同。近年来部分人家因为糊纸室内光线黑暗，故将下扇窗改装玻璃。正门两侧做单樘窗，俗称马窗，窗和门之间或窗和住室之间，采用木装修相连安装木板，俗称风板。因房屋较高在窗上和檩下处设眼笼窗，以减去重量，同时窗格花样也很精致。每间房屋都设窗子两樘。榆树县地区房屋则安设三樘，窗下垫用厚木板谓之窗户榻板，是承担窗子并为防止风雨浸蚀墙台而设；也能保护窗台墙。

●墙壁。墙壁做法和满族农民住宅相同。唯独有一种石块砌底、草辫墙，四面墙壁都用草辫编织成，绳纹很整

图 168　榆树县住宅木窗

图 169　永吉县学古屯住宅草辫墙

齐，在表面抹上黄泥。如永吉县学古屯某宅即按这样的做法。当地外墙做法除上述以外，还有拉哈墙是一种特殊的构造。拉哈墙，即木骨架墙，以木为骨而拉接以草泥。将木直立如柱，相距约 70 厘米，钉以很多横木相距约 30 厘米，以草拧泥挂于其上，其厚约 30 厘米，很坚固。

●屋顶。一般房屋都在立柱上，首先置檩木再挂椽子。三条檩的房屋比较多。椽子以上铺柳条或者高粱秆以及巴柴。在这些间隔物顶上再铺大泥，当地称作望泥，也叫巴泥，厚度 10 厘米。为了防止寒气透入，再加草泥辫一层，这样可以防寒又可多保持年限。最顶部分苫背草等，厚度大约有半尺左右，屋脊部分厚约 1 尺。苫草不用谷草、稗草，因其本身直径太粗，经日光晒后，翘起，风吹易掉，6～7年就需要更换一次，如果用羊草其体轻柔细致耐久，可以抗 30 年不必更换。草房做法，屋檐苫草要薄，屋脊苫草要厚，俗语常说"檐薄脊厚气死龙王漏"。永吉县北关屯一宅就是这样做法，罗汉山山尖苫草很整齐下部用封檐板承托。

图 170　九台县郊区住宅草房

●窗棚。又称窗堡，是吉林以北地区特有的房屋形式之一，它是汉人在广阔的田野开始耕作时所居住的临时性

图 171　九台县火石村草房山尖及压杆

榆树县花墙子乡农民住宅尺寸调查表

实例序号	人口	间数	进深	间宽	外　窗		屋　门		马　窗		内　门	
					宽	高	宽	高	宽	高	宽	高
1	4	4	6.50	3.40	0.93	1.32	0.95	1.85	0.93	1.30	1.74	1.97
2	6	3	4.55	3.45	0.85	1.07	0.85	1.65	0.85	1.07	0.73	1.83
3	3	2	4.90	3.40			0.89	1.65	0.92	1.14	0.72	1.66
4	2	1.5	6.20	3.90			0.90	1.74	1.17	1.97	0.72	1.67
5	2	1.5	5.68	3.08			0.89	1.74	0.47	0.87	0.80	1.89
6	3	2	5.47	3.72			0.89	1.79	1.00	1.35	0.78	1.70
7	7	3	5.28	3.70			0.95	1.82	0.97	1.37	0.73	1.96
8	5	3	6.05	4.15			0.87	1.68	0.85	1.40	0.71	1.65
9	20	5	6.22	3.40			0.88	1.78	0.90	1.32	0.72	1.62
10	14	3	5.44	3.37			0.88	0.94	0.94	1.25	0.72	1.67

房屋。首先由几户为中心，很少有人家开始居住，逐渐扩大起来成为村庄。例如杨家大窗棚，王家窗棚、李家窗棚等，在一定的时间内演成了屯子的名称。另外因为由于采参、打猎时,用树皮所盖的房屋也叫窗棚。据《白山黑水录》所述:"窗棚者于未垦荒地，构造大屋召集劳役，从事开垦，其后逐成村落，有李家窗棚、林家窗棚之各"经笔者现地考察时确属实在。

二、井干式房屋

井干式，是我国古代建筑中的古老构造方法之一。从云南石寨山出土的贮贝器、铜器上的纹样中，即可看到井干式房屋的式样，证明在汉代已经有了井干这种建筑形式。

图172　抚松县漫江井干式房屋外观

图173　抚松县漫江井干式屋角部分

　　井干式房屋产生在林区地方，它的式样和构造因地理环境的不同都有一定的区别。黑龙江兴安岭一带井干式房屋多半采用粗大的圆木构成，外观看来非常粗犷。吉林地区井干式房屋的形式和构造虽不如上列地区那样雄大，但和它们比较则有不同的风格。它分布在长白山的林区，主要在长白山北麓哈尔巴岭的南北山间林木密集的地方如敦化、蛟河、安图、抚松、长白等地。井干式房屋外墙用圆木做成深槽层层垛起，形如井口故称为井干式。在清代晚期吉林原始森林密集多无人烟，当开采木材时，居民采取垛木楞的建造房屋方法。又因山地多石，材质坚硬不易加工，只能用圆木做墙，是省工价廉速度很快的办法。

　　●村落。村落的规模很小，没有大规模村庄，都在山的阳坡建设分散式的房屋，是由几户人家聚居于一处而形成的。地形多半选用背山向阳的较平坦地域，一般聚落5～10家左右，房屋布置成不整齐的状态。各户人家不设墙垣，在正房的前后设置重楼式粮仓（俗称包米楼），在房屋的近旁堆置木拌、柴垛甚多，使其自然干燥。每小村的周围都

有许多树木，在这自然环境里空气异常清新，小村的位置都在林场近旁或者是在山沟，中相距15或20公里不等。

　　●房屋。井干式房屋的平面，一般开间由一间至三间不等。一间房山墙开门成为马架房。个别的也有五间的。每间做成矩形开间，最小者为2.5米×4.5米最大者为4米×7米。最普通的形式盖房两间，门窗均在南侧，面积甚小，光线不足，室内不设间壁墙，火炕在南窗之下或做顺山火炕，火炕与锅台相连当中设矮墙一道。居住在这些房屋的人，多半是独身户，有家眷者人口也很少，所以室内陈设简单。室内厨房和寝室不分，虽满足温暖的要求，但是烟气和灰土气味很大。

　　另一个特点，是在房屋的中间和四端安装木柱，用它支承墙壁。如敦化县黄泥河北山沟某宅两户做南炕，两户做顺山炕，中间隔矮墙和锅台相连，木柱列于墙外，木墙拐角处十字相交，都是统一的做法。敦化县黄泥河北山沟内某宅井干式房屋两间房内设两铺火炕，其他也是同样的处理手法。

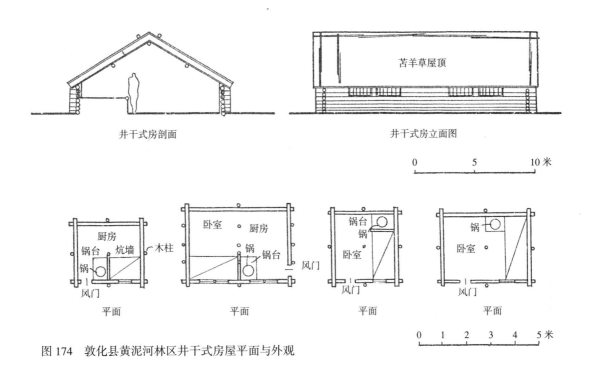

苦羊草屋顶

井干式房剖面   井干式房立面图

0　　　　　5　　　　　10 米

卧室　　厨房   锅台
厨房   锅   锅
锅台　炕墙　木柱   锅　锅台   卧室   卧室
锅   风门
风门
平面   平面   平面   平面

0　1　2　3　4　5 米

图 174　敦化县黄泥河林区井干式房屋平面与外观

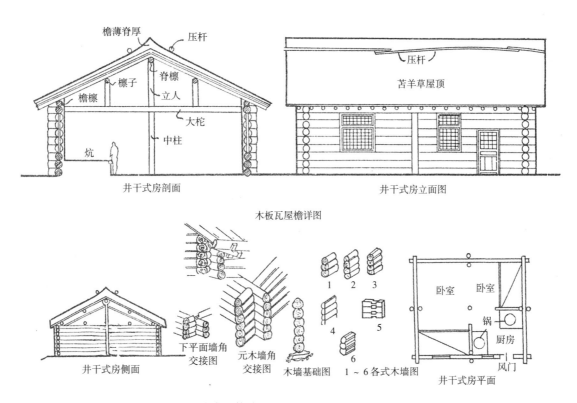

檐薄脊厚   压杆   压杆
脊檩
檩子   立人   苦羊草屋顶
檐檩
大柁
炕   中柱
井干式房剖面   井干式房立面图

木板瓦屋檐详图

1   2   3

4   5

6

卧室   卧室

锅

厨房

风门

井干式房侧面   下平面墙角   元木墙角   木墙基础图 1～6 各式木墙图   井干式房平面
交接图   交接图

图 175　敦化县黄泥河林区井干式房屋构造

图 176　抚松县漫江井干式房屋山墙

图 177　长白县井干式房屋涂泥墙壁

●构造。井干式房屋构造虽然简单但很坚固，它的基础作法是自地面挖下 30 厘米左右的深沟，将横木嵌入其中，上部用圆木接连垛成木墙，木墙的圆材上下面稍削成小平面，使平面相互连接。转角处圆木相搭接上下开凿榫卯相交，使其结合紧密固定。这样构造法如同水井井框交接，至门窗口时将圆木切开，圆木与圆木之间用"木蛤蟆"使其稳定。在山墙前后正中间的内外部位，用木柱相夹，以增加稳固性。山墙的山尖处做草辫墙或用细木编织内外涂泥土。骨架做好后内部抹草泥木缝处泥土较厚，这样做法既可防风而且又能保暖。许多人家将房屋外墙外部也涂以泥土，只有转角处露出圆木更可使房屋保暖。屋架构造比较简单，进深大者用大柁支承三柱香式屋架。这与平原一带草房相同，进深小者只用人字木架，中间支承瓜柱。一般采用五条檩，三条檩，檩上挂椽子很细，上铺木拌巴柴角抹泥 8 厘米厚，上部铺羊草。屋脊铺草，边部用木杆压住，屋顶斜坡的边缘处也用细木杆压柱，防止风吹时将屋顶苦草卷起。屋顶的另一种做法不用羊草而用木板瓦或树皮瓦。

木板瓦是用木板切成的方片，当作瓦用。这种用法是吉林地区井干式房屋特有的。木板瓦因经常受到干湿的变化容易脱落。做木板瓦的用材大部分是"荒山倒木"木质已经干湿的考验，变形较小，如用新木材做变形更大，易于腐烂。木板瓦另一个问题就是瓦之间有空隙，不能防风，本身重量轻容易被风吹起。

树皮瓦用桦树皮切成，尺寸较大，其寿命比木板瓦较长，这是在当地比较好的一种材料。也有用长条形老松树皮的，用老松树皮做成的瓦，其质量不如桦树皮光滑而富有弹性。

图 178　漫江地区井干式屋、木板瓦

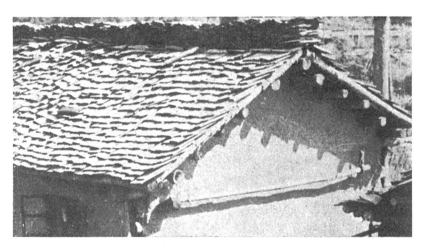

图 179　漫江地区井干式房屋山花及木板瓦

图 180　漫江地区井干式房屋木板瓦脊头

图 181 敦化县黄泥河某宅井干式房山墙开门

图 182 敦化县黄泥河井干式房

火炕主要材料用山间石块和泥土，构造和普通火炕相同。除此以外每家于室内各用泥土做成的火炉，布置在房屋的转角处，用它制作玉米煎饼。

烟囱用圆木树干一根，掏成空洞，直立于房屋的转角处，树干的直径约 40 厘米左右。其高度和屋脊相同，烟囱脖（烟道）也用圆木水平安置，这种树木都是荒山里的倒树，经年久后木内成空心状态。将它利用做烟囱很合适，但不防火。

●玉米楼。是农家存放玉米的仓库，用四根木柱架起的小楼。楼身升起上部做坡顶，防止湿气向上而使粮谷受潮，因此做成重楼式。在山里平均每户都有这样的重楼一座。舒兰县东部东山里一带住户就利用这类玉米楼为居住房屋，是在潮湿地方最好的形式，其实这是干阑式房屋，在我国西南很多。

敦化县黄泥河乡井干式房屋尺寸表

实例序号	人口	进深（M）	间宽（M）	间数	净高（M）	备注
1	4	6.30	3.20	2	2.06	
2	1	3.85	3.27	2	2.50	
3	5	5.65	3.40	2	2.10	
4	6	5.40	3.50	2	2.10	
5	1	5.10	3.00	1	2.00	
6	2	5.50	3.87	1	3.00	
7	6	5.30	3.50	2	2.00	

图 183　敦化县黄泥河某宅井干式房鸟瞰

图 184　敦化县十八道河林区某
　　　　宅井干式房木筒烟囱

图 185　敦化县十八道河林区某
　　　　宅井干式房外观

图 186　敦化县黄泥河某宅干阑式玉米楼

图 187　长白县八道河某宅干阑式玉米楼

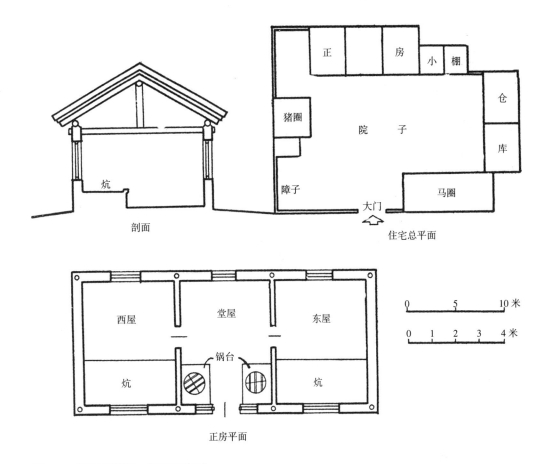

图 188　辑安县通沟乡住宅测绘图

三、东部山区房屋

吉林东半部和东南地区是山岳地带，峰岭重叠，林木丛盛，为长白山脉起伏的地区，所住居民多为关内迁移这里的。据《鸡林旧闻录》："吉省东边山深林密，燕齐流民于农砂两业外厥惟采参……是辈概可谓林木中人俗呼跑腿子亦呼穿山沟，往年踪迹远者直迄东海之滨……"这里交通不便，冬季大雪气候严寒，夏天则阴雨绵绵，寒暑变化剧烈，土质多半是砂土与黑土非常松软，适于种植五谷。造房也狭小，少有宽敞院落，主要是由于地形的影响。

●布局。住宅总平面布置基本上按三合房布置。院落接近方形，正房位于中心部分、厢房等不作住人的房屋，而作为马棚、仓房、猪圈、鸡架、柴垛等围绕于四周包成

图 189　辑安县通沟乡住宅全景

图 190　辑安县鸡儿乡住宅全景

了紧凑的小院，院子面积据调查统计平均在 100 平方米左右，比较紧凑。大门开设在东南角或中轴前端中心部位，木障子采用当地杂木编织，当夏季种植瓜、豆、藤萝、蔓延满障使得住宅更增加了浓厚的野趣，具有田园化的特征。用杂木编织障子在当地来看是比较经济的，在不能采用土砌墙时，可以广泛使用这种做法。在障子的前后左右空地都垦为菜园，柴垛遍布在山坡处，这是利用自然干燥的方法。

图 191　辑安县通沟乡住宅正房全景

　　另外有些院子，虽然没有门墙的隔档，而由于正厢房之间也形成了一个院子，如辑安县通沟乡某宅建置在山坡向阳之处，正房三间，西房为储藏室，产生一个小院。辑安县城鸡儿江某宅也是如此形式。

　　●房屋建筑。山区房屋建筑构造比较粗糙，使用材料多用荒料圆木加工者较少，所以房屋的装饰纹样极少。平面布置多半采用两间、三间、屋门开设中间和平原房屋形体相似。间的尺寸一般在宽 3.5 米、长 5 米。于室内南侧设火炕，开窗向南，三间者均以明间做厨房，两端为居室，房屋构造大体上有共同的规律，梁架结构采用五檩五杴，上部盖草。构材多半使用杨、柞木，因为杨、柞木耐腐蚀。外墙采用土坯和木编墙、外部抹泥两种。土坯的尺寸在 36 厘米 ×16 厘米 ×6 厘米，用黄泥稻草，这样墙壁如不漏水都可以保持三十年以上。屋顶一律使用乱劈柴作承板，约 5 厘米厚，上部抹黄泥羊角 3 厘米，如采用秫秸时做 6 厘米厚，羊角黄泥仍需 3 厘米。再上苦草 15 厘米

图 192　辑安县下羊鱼头李家草房

厚可保持七年不坏。如用红草苫房可以保持十三年不必更换。屋顶坡度不大，瓦房时5：3草房5：2.5。这样房屋门窗口不甚整齐，当地叫作"一把泥"的房子。

草房苫草一般苫得很厚，表面甚平，坡面平整，草面坚固。近来受朝鲜族草房影响，靠近鸭绿江，图们江各县房屋坡面草顶很厚很长，如同房屋披了蓑衣。看起来有些松软并用草挡住两山的山檐的搏风，最上部用草绳织成的网子绑入顶部，防止风吹房草。这样做法很明显的是和汉族苫房法有区别。如通化县城某宅就是受到朝鲜族草房影响的例子。它的缺点是屋顶草厚浪费材料，草的本身未得压平易于起火。

《临江县志》载：临江房屋是"平民新居之房屋，以茅草苫盖者最多，或有以方尺木板苫盖者房非城市不多见，其间数以三至五间者居多，七间至九间者最少，具用起脊式，前门房后有正房及东西厢名曰四合房，墙垣有用石块者，有用土壁建筑者，山间之民亦有架木为屋者"、原有房屋情况和《临江县志》记述完全相同。

靠近岩石地区，多有做石墙的房屋。在石基之上修建石墙立木柱并以柳条编织，内部涂以泥土，屋顶具用草盖，是防水而又坚固的做法。住家各户烟囱做法根据各地方材料而定，例如山区完全利用荒山倒树，如《柳边纪略》中所说："烟囱多以完木之自然中虚者为之，久之碎裂则获以泥或藤缚之，土人呼之为摩河朗"。

通化房屋三间较多七间较少，基础一般用砂子灌水然后以铁钎子捣固，做至1.3米～2.0米左右（2米为冻层的深度）。外墙，在城市里都砌里生外熟式（外面砌砖内部砌土坯）。土坯规格8厘米×12厘米×24厘米，外墙厚度约45厘米，此外也有黄泥加草可砌至3.6米左右，一般墙底石块砌至0.8～1米，能防止墙身的潮湿，当地人称为土垛墙。屋顶均采用草和瓦两种，自通化至辑安一带使用木板瓦的也很多。

辑安房屋一般用二、三、五间，三、五间为最多，间宽3米×7米左右。辑安气候较暖，冻层只冻1米左右，

图193 辑安县太王乡某宅之石块墙

图194 辑安县太王乡某宅玉米楼

因此一般基础挖至1米。梁架采用五檩五枚。墙身全用土坯下垫石底。墙的厚度40～50厘米左右，砌墙的材料分土坯和石材两种。土坯规格约42厘米×20厘米×8厘米，石块规格则大小不等。屋顶做法和其他地区大致相同一间采用15条椽、椽上铺巴板5厘米厚，上涂黄泥10厘米厚，上部苫草约15厘米厚，如果用秫秸巴则铺6厘米厚，不用木板。屋顶苫羊草，可以保持七年，用红草可保持十三年，白光草可保持八年，这种房屋可以延至四十年左右不坏。当地瓦房大量采用黄泥瓦每块重量2斤至3斤左右，至于小青瓦房已不多见了。屋顶坡度、瓦顶5：3草顶5：2.5。

图 195 农安县郊外碱土平房

实例序号	人口	间数	进深(M)	间宽(M)	净高(M)	外窗		风门		马窗	
						宽(M)	高(M)	宽(M)	高(M)	宽(M)	高(M)
1	5	1.5	4.60	3.70	2.50			0.95	1.70	0.45	1.10
2	4	1.5	4.60	3.70	2.50			0.95	1.70	0.45	1.10
3	5	3	5.60	3.60	2.40						
4	7	3	5.00	3.70	2.35						
5		2	4.20	3.40	2.10	1.10	1.10	0.90	1.75	0.90	0.60
6	7		4.50	3.70							

辑安县通沟乡农民住宅尺寸分析表

辑安山区一带建设玉米楼很多,辑安县太王乡某宅玉米楼为典型的代表。

●地窖子。半地下房屋,俗语叫作地窖子。在山林地带有一些居民建造半地下室的房屋。首先是将地基挖下去40厘米或60厘米,将室内地面做到地下。这样做法可使室内温暖,同时节省墙壁的材料,当地人称为马架房,可看作是穴居的演化。

四、碱土平房

碱土平房的分布在省内西半部广大地区。全部地形为丘陵,其中除少数熟地外绝大部分是未经开发的生荒地,每年都长很厚的荒草,在荒草和熟地当中间有片片相连的碱地,当地人把这些碱土地叫作"碱巴拉"。这种碱地不生长任何植物。碱土地带很广阔,包括双辽、开通、洮南、瞻榆、白城、安广、镇赉、大安、扶余、郭尔罗斯前旗等县,这块地区和辽西碱地,黑龙江西部碱地相连接而构成东北西部的碱土平原,长约千余里。原来这些地方人烟稀少绝大部分为游牧地区,于1953年,人民政府在这个地区建造大规模的防风林,使得农耕面积日趋广大。碱土为青黄色比较细腻没有黏性。因为碱土本身颗粒细腻而不吸收水分,从建筑上来说是一种可用的材料。每年春季解冻、春旱季节,各户人家即取碱土用于建造房屋。当地造房,无论墙面和屋顶都用碱土抹面,这些房子遂称为"碱土平房"。

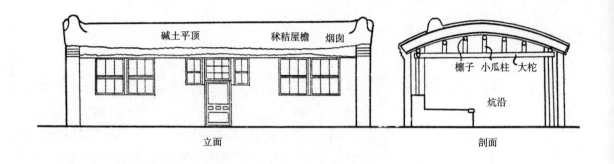

立面   剖面

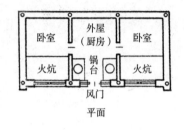

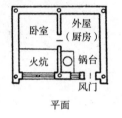

平面   平面   平面

图196 白城县青山堡住宅平面、外观

碱土平房是充分利用地方材料的建筑。该地区风大，又缺乏木材，碱土平房具有取材经济、构造简单、适合居用的特点。

●住宅总平面。无论是住宅的总平面和房屋内部的平面布置都采取传统的对称式。农民建有厢房的人家很少，即使建有厢房也很简陋，都做小型储藏室使用。或者，在房屋前端和旁侧建设小耳房一间、半间。人口多或经济力量充足的人家厢房间数也随之而增加。房屋后面余地较多，大部分都做菜园使用，院子成了拴牛、马和堆放农具的地方。宅的西周用碱土矮墙围绕起来，墙宽为40厘米，高约1.5米左右。也有的用茅草做成的障子，但这种做法不如东部地区多。

●房屋构造。建房用材料和构造各县的具体情况不同。

白城地方房屋，房屋开间尺度一般标准在3.3米×6.5米左右，多为两间至三间，如白城县青山堡某宅。盖房须打固基础，一般做至冻层深度，据当地记录前些年冻层深度2.2米，近几年来冻结深度较浅，一般在2米左右。碱土平房体积小重量不太大，因此做40～50厘米即可打夯固定，不做石基，上部直接做砖墙。砖房基础做1.3～1.5米左右，打夯后上部以10号石灰砂浆（1立方米用石灰2袋）砌石基高至窗台，多数人家房屋外墙使用叉垛墙和土坯墙。叉垛墙用羊草混合碱土做成，春季叉房框秋季干透，墙的厚度约60厘米。这种做墙法房屋寿命可达15～20年左右，墙壁内有的用木柱有的不用木柱。用木柱者墙不需太厚。土坯墙厚度一般都砌至一块坯左右，它不如叉垛墙坚固，保护好寿命可达13年左右。当地碱土不纯，内含砂子和粗砂粒甚多，故不能做土打墙。叉垛墙比土坯墙还保暖，土坯墙因有空隙冬日易于透风，梁架和屋顶做法采用立柱承担重量，或者不用立柱而用厚墙承担。立柱直径约在15厘米以上，承担大梁，其断面约在18～20厘米左右，檩木直径约12厘米再上铺条巴两层至三层。泥用碱土拌草混合而成，厚度铺10厘米左右，上部再抹碱土1～2层。

县城附近房屋多半采用土坯墙或砖墙以石块垫底，内

图 197 白城长青山堡住宅平房外观（门在中间右侧）

性　质	盖一间房定额	说　明
普通房	250.00	
门窗较整齐有椽者	300.00	北房在当地为三等一级房
土　工	35 个	（木工、小工）
木　工	11—12 个	

图 198 白城县青山堡住宅外观（门在正中）

图 199 白城县青山堡一宅外观（门在右间）

包砖柱上承瓦顶，或者砖柱中间砌土坯心。内墙用土坯或秫秸泥表面刷白灰。室内天棚用秫秸做帘子，帘子顶上涂泥土约 10 ～ 15 厘米，下部糊纸棚，具有隔风防寒的效能。也有的人家在房屋前端设独立烟囱备夏日火炕不需热时，做饭临时出烟之用。本县住宅厢房很小，多作为马棚和储藏室使用。

白城地方盖房时间一般都在春季、备耕季节农民工作不太忙，开始计划盖房，夏季、挂锄以后短期农闲季节开始叉房墙，秋季割完地以后新秫秸能用了，再筹划做房盖。

图200　白城县大庄子平房

图201　白城县青山堡住宅檐头转角细部

白城县青山堡乡农民住宅尺度分析表

实例序号	人口	房屋间数	进深（M）	面阔（M）	净高（M）	外窗面积		屋　门		马　窗		内　门	
						宽（M）	高（M）	宽（M）	高（M）	宽（M）	高（M）	宽（M）	高（M）
1	6	2	5.30	2.80	2.50	1.00	1.30	0.95	1.65	0.60	0.70	0.70	1.65
2	10	3	5.15	2.70	2.55	1.10	1.20	0.90	1.65	0.40	0.90	0.80	1.70
3	4	2	5.20	3.20	2.50	1.10	1.10	0.70	1.60	0.60	1.00	0.60	1.80
4	6	3	5.00	3.17	2.10	1.90	1.15	0.85	1.65	0.45	0.90	0.70	1.65
5	6	2	5.20	3.30	2.50	2.00	1.10	0.90	1.65	0.60	0.90	0.70	1.65
6	2	1	5.50	3.00	2.45	0.90	0.90	0.70	1.65				
7	11	3	5.55	3.13	2.10	1.70	1.20	0.95	1.65	0.45	1.10	0.70	1.70
8	8	3	5.35	3.35	2.60	2.00	1.20	0.95	1.65	0.45	0.90	0.70	1.65
9	9	5	6.10	3.30	2.20	1.95	1.20	0.82	1.89	0.51	0.97	0.87	1.75
10	5	2	6.30	3.40	2.25	2.00	1.05	0.75	1.60	0.50	0.90	0.75	1.65

图 202 双辽县吴大岗子村平房远景

图 203 双辽县吴大岗子村住宅正房

如白城县青山堡几处住宅正房屋门开在中间或者是边端，窗子做扁长形和房屋立面形体互相调和。墙面简洁，山墙向前后凸出，两端挡住屋檐间的"遛檐风"。烟囱都做在山墙顶端，如同两个土墩。

双辽地方房屋，开间分三、五、七间不等，以三间较多，如双辽吴大岗子三间房住宅。基础一般挖至冻层以下深度约 1.6 米左右，用夯打紧松土，再垫石块，非常坚固。用柱承担木檩椽梁的构架，山墙内部用排山柱法而不用大梁，这主要是为节省边柁为目的，并以此处作为烟道。排山柱易腐烂，为防止柱子在墙内腐烂当地都采用烤火法，将柳木用火烘烤，使木材表面炭化。墙身使用土坯砌筑，

两山墙厚度约 44 厘米即 1 块半土坯的厚度，前后檐墙为 36 厘米是相当于一块土坯的厚度。墙面向阳方向窗洞宽大窗的大部用木板做窗户塌板，为了防止木窗将窗台板压坏，做窗台来承担。后墙仅留夏季通风用的小孔，用土坯堵死，以防寒气透入。这个地区的屋顶做法都用平顶。分为两类做法；一类是砸灰平顶，一类是碱土平顶。砸灰平顶当地叫作海青房，是一种普通平房的形式。它是先将檩木放在梁上，再挂椽子，椽子上铺苇巴两层，每层约厚 4 厘米，再以碱土混合羊草（野地羊草应用水泡过）抹至屋顶上，大约 10 厘米厚，垫以苇席踩平后就连成为一个整体了，上部加抹碱土泥 2 厘米厚两层，再上垫炉灰块 1 厘

图204　双辽县城郊平房外檐构造

米厚，混合白灰用木棒捣固。这是一种标准的做法，使房
屋寿命可以延长至百年。檩子破损时，屋顶仍然不会塌落，
可想见其坚固的程度了。

双辽县吴大岗子农民住宅尺度分析表

实例序号	人口	间数	进深（M）	面阔（M）	净高（M）	外　窗		屋　门		马　窗		内　门		椽数
						宽（M）	高（M）	宽（M）	高（M）	宽（M）	高（M）	宽（M）	高（M）	
1	4	3	6.10	3.00	2.60	2.10	2.15	0.88	1.70	0.60	0.90	0.75	1.65	9
2	6	3	6.00	2.70	2.60	2.20	1.25	0.90	1.70	0.60	0.90	0.70	1.65	9
3	4	3	6.30	3.10	2.60	1.25	2.20	0.90	1.60	0.65	0.96	0.75	1.65	9
4	10	3	5.50	3.00	2.55	2.00	1.20	0.88	1.60	0.52	0.94	0.72	1.05	7
5	9	3	5.60	3.20	2.55	2.20	1.25	0.90	1.65	0.75	0.92	0.75	1.65	7
6	7	2	5.30	3.10	2.55	2.20	1.25	0.90	1.70	0.70	0.90	0.75	1.65	7
7	6	3	5.80	3.20	2.70	2.10	1.25	0.90	1.65	0.60	0.93	0.72	1.65	7
8	5	3	6.00	2.80	2.40	2.20	1.15	0.90	1.65	0.60	0.95	0.70	1.65	7
9	3	2	5.30	3.20	2.70	1.25	2.20	0.85	1.60	0.85	0.85	0.75	1.65	7
10	2	1.5	6.30	2.80	2.30	2.10	2.10	0.72	1.63			0.75	1.65	7
11	5	2	6.20	2.50	2.40	0.70	1.70	0.75	1.65	0.55	1.00	0.75	1.65	9

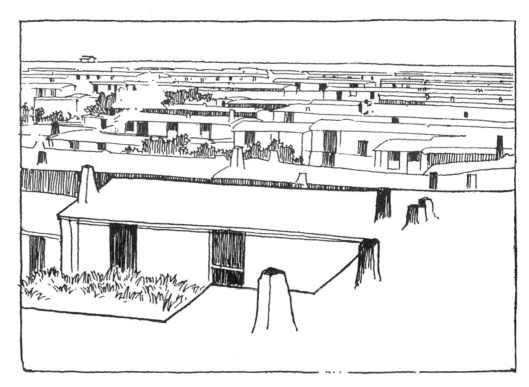

图 205　开通县平房全景

碱土平顶基本做法和砸灰顶类似，只是将砸灰顶的炉渣白灰的顶层去掉，另外每年在墙和房顶上抹碱土 2 厘米。这样可使房屋寿命延至 30 年左右，砖墙房屋可至 40 年。除此之外，有节省椽子的作法，将秫秸直接铺在檩子上，檩子直径一般采用 12 ～ 16 厘米。房屋内部墙面抹碱土砂子（按 1：2 比例）可使墙面永不裂缝。

拉取碱土的时间应于每年春季解冻后进行，因春风吹后，碱土出现于地表甚多，容易取出。过时，已看不出来。

开通地方房屋街坊规划十分方整，沿街四周建房，房屋均采用平顶，从内外观之都有统一风格。住宅大小院子四周都有较矮土墙围绕，这些矮土墙都用土打墙经年久后墙土流失大半部都颓坍破落。大门采用三种形式。屋宇形大门也和碱土平房正屋相同，进深和间量都很宽大，能够通行车马。砖垛式大门其轮廓形式和屋宇式相同，唯其体型很小。衡门是满族住宅的式样，但是由于材料缺乏，做

的很为细小。房屋的开间为二、三、五、七等，每间为 6 米 ×3.2 米，面积约 20 平方米左右。县城房屋由于是平顶，檩木梁柁可以自由搭搁，其布置有一定的灵活性，根据实际需要而增添房间，所以室内布置变化是多样的。这些房屋的布置多用在店铺。因为碱土为灰黄色，墙面和屋顶色调统一。房屋的墙垣棱角线条均为手工抹制而不甚整齐，多有歪斜弯曲。

地方冻层为 1.5 米，砖房基础深约 1.6 ～ 1.7 米。土平房一般不挖地基，主要原因是房屋构造简单重量小，房屋破坏后很容易又盖新房，因此，不必将更多的工料用在基础上。山墙厚度 50 ～ 60 厘米，前后墙厚度由 35 ～ 40 厘米左右，山墙很厚而不做柱脚，将檩直接搭在墙上，俗称"硬搭山"的做法，明间柁下有柱子，直径一般在 10 ～ 15 厘米左右，当地墙壁的构造约分三种。

打土墙将当地碱土取出后做基础 70 厘米上部逐渐收下为 50 厘米，每垫 10 厘米厚夯打一层，放置羊草一层而

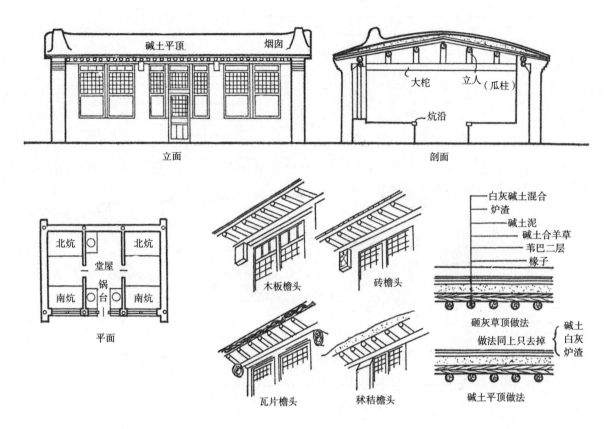

图 206　开通县城关某宅、平面、外观及构造图

立面　　　　剖面

碱土平顶　　烟囱

大柁　立人（瓜柱）

炕沿

北炕　　北炕

堂屋

锅台

南炕　　南炕

平面

木板檐头　　砖檐头

瓦片檐头　　秫秸檐头

白灰碱土混合
炉渣
碱土泥
碱土合羊草
苇巴二层
椽子

砸灰草顶做法

做法同上只去掉　碱土
白灰
炉渣

碱土平顶做法

图 207　开通某宅二间房

图 208　开通县城关一宅砖腿子大门

打平。打土墙的高度可达 2 米以上。

　　叉垛墙即用叉子垛起逐步叠起高墙,其厚度和打土墙相同,今后叉墙明年抹面甚坚固。

　　大坯墙,将碱土和羊草混合湿润后,用模子做成块状在阳光下曝晒干燥后再使用,如用碱土可以加羊草,其规格是 7 厘米 ×8 厘米 ×38 厘米。以上三种墙的做法都是当地最普通的做法。

　　屋顶用秫秸巴、苇子巴两种做法。

　　秫秸巴铺在檩子之上约 30 厘米厚,用编纹席一张铺于其上再铺羊草 25 厘米厚,加涂屋顶泥(碱土加羊草)

开通城郊住宅尺度分析表

实例序号	人口	间数	进深(M)	面阔(M)	净高(M)	外　窗		屋　门		马　窗	
						宽(M)	高(M)	宽(M)	高(M)	宽(M)	高(M)
1	5	2	5.30	3.00	2.20	1.80	1.30	0.90	1.70	0.90	0.60
2		2	5.20	3.00	2.50	1.00	1.10	0.90	1.70	0.60	0.60
3	6	3	5.20	3.00	2.50	0.85	1.10	1.80	1.20	0.45	0.89
4		1.5	6.00	3.00	2.50	1.60	1.90	1.00	1.70	0.50	1.20
5		2	6.00	3.00	2.50						
6	2	2	5.10	3.00	2.20	1.90	1.10	1.00	1.70	0.90	0.50
7	8	3	5.10	3.00							
8	2	1.5	5.10	3.00	2.30						
9	3	1.5	5.40	3.00	2.30						
10	4	3	5.00	3.00	2.60	1.80	1.30	0.80	1.70	0.60	1.10
11	4	2	5.20	3.20	2.40	1.85	1.20	0.90	1.70	0.60	1.25

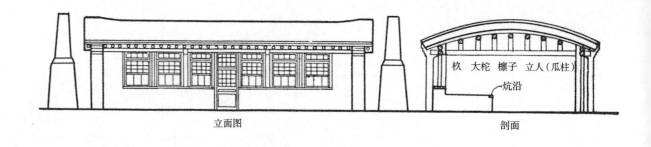

立面图   剖面

杕 大柁 檩子 立人（瓜柱）
炕沿

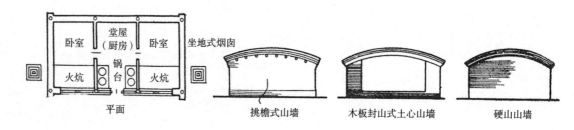

卧室   堂屋   卧室   坐地式烟囱
        （厨房）
火炕   锅台   火炕

平面

挑檐式山墙   木板封山式土心山墙   硬山山墙

图 209 大赉联合乡住宅平面及外观

5～7 厘米用脚踩平，再抹纯碱土一层，约 2 厘米厚，这种做法屋面十分坚固。苇子巴顶做法是用椽子，在一间房内采用椽子 8 挂或 10 挂（挂是椽子的单位），上铺苇两层约 5 厘米厚，其上和秫秸巴做法相同，每年于五月初抹房顶 1.5 或 2 厘米（防止六月雨水渗漏）。八月份抹房墙，因这时是农闲时期。这样按时维护房屋寿命可以保持至 40～50 年。

大赉地方房屋平面布置和开通、白城等地相仿，在整个处理上，比以上各地整齐，如大赉县联合乡住宅建筑是县内的标准形体，特别是山墙处理手法较为特殊，有檩头露出。大赉县城郊某宅檩头露出，做法简单整齐也很美观。也有的住宅挂封檐板式，大赉城郊某宅挂封檐板式稍起山尖，檐板下垂端部刻花，很有地方特色。这些艺术处理手法显然和其他地方不同。墙基利用平地不打基础，虽然冻层深度到 1.8 米，但对于这样房屋稳固没有大的影响。墙的做法也用叉垛墙、土打墙和土坯墙三种。当地做土坯墙工费过高，各家做土打墙较多，造房时也是采取春季建房墙，秋后干透再盖房顶的办法。房盖也是采用平顶，一般人家房屋都采用 13 条檩，檩上铺秫秸巴，再抹巴泥

图 210 大赉县城郊平房挑山做法

图 211 大赉县联合乡住宅正房及坐地烟囱

大赉联合乡农民住宅尺度分析表

实例序号	人口	间数	进深（M）	面阔（M）	净高（M）	外 窗		屋 门		马 窗		内 门	
						宽（M）	高（M）	宽（M）	高（M）	宽（M）	高（M）	宽（M）	高（M）
1	7	1.5	5.00	3.00	2.00								
2	5	2	5.75	2.30	2.60	2.05	1.30	0.80	1.65	0.95	1.30	0.70	1.65
3	8	3	5.90	3.25	2.50	2.09	1.40	0.80	1.65	0.65	1.40	0.70	1.60
4	3	2	4.60	3.15	2.15	2.10	1.27	0.89	1.60	0.61	1.38	0.70	1.60
5	7	2	5.65	3.73	2.50	2.00	1.30	0.90	1.64	0.50	1.19	0.70	1.65
6	7	2	4.75	3.40	2.20	1.90	1.50	0.90	1.65	0.55	1.50	0.72	1.60
7	6	2	5.95	3.05	2.25	2.00	1.30	0.95	1.65	0.90	1.37	0.73	1.65
8	4	1.5	5.80	3.67	2.90	2.07	1.35	0.89	1.37	0.65	1.35	0.79	1.65
9	4	1.5	5.25	3.10	2.40	1.15	1.35	0.60	1.63	0.55	1.45	0.70	1.65
10	9	3	5.95	3.60	2.48	1.95	1.30	0.86	1.80	1.65	1.22	0.72	1.65
11	5	2	4.85	3.12	2.50	1.90	1.15	0.89	1.60	0.50	0.79	2.17	0.70

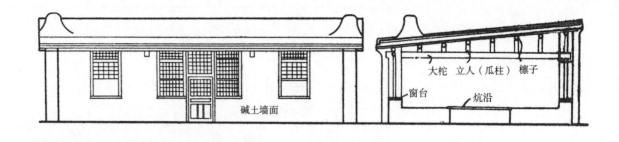

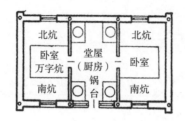

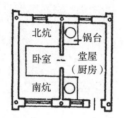

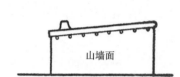

图 212　扶余县八家子乡某宅平面、剖面外观

约 10 厘米厚,最上部抹碱土 2 厘米厚,室内隔墙亦用土坯砌筑。这种做法寿命可延长至 30 年左右。大赉县联合乡住宅正房,做得方整而有韵律,檐下紧连接木装修,左右和下部三面墙连接,使得整个处理富有稳定之感。

扶余地方砖墙平顶房较多,经济富裕人家的房屋建设比较考究,平面三间,五间居多,室内布置和其他各地大体相仿,房屋的进深、面阔也都有固定的尺寸。扶余县八家村住宅正房是典型的例子,从外观来看,挑山式房屋不做女儿墙的平顶。封山式房屋都带女儿墙顶,是这个地方房屋的特点。根据其山墙和原料的不同可以分为三类:砖山式平房、木搏风式海青房式平顶、挑山式的泥顶房。

砖山式平房是两山墙用砖砌筑的平房。前后檐墙做泥墙壁心,可以省出大量的砖。屋檐上部用砖女儿墙围绕,花纹式样繁多构造坚牢。

木搏风板式的海青房,泥顶前后和山墙都钉木板,木板雕刻花纹,较其他房屋甚精致。

挑山式的泥顶房和开通、白城等地泥顶房相仿,所不同者椽头都露在外部而不钉搏风板,比较特殊,并在檩

头上部用砖平砌,显得边缘格外整齐,当阳光照射下阴影斜向是有鲜明的立体感,看起来很简单,但是,细部颇有变化。

县内住宅墙比较完整,所选用的材料也有不同,一般分为土打墙、垡子墙、秫秸墙。

垡子墙是最坚固的一种墙壁,它可做高 6 米以上这种材料在扶余地方出产量很大,容易取得。

秫秸墙是用高粱秆绑成小捆,栽入障沟内用柳条绑成一座墙型,厚约 15 厘米。它适用于经济情况较不富裕的人家,用它来隔挡人畜,每年可以更换一次,拆下的旧秫秸可以用做薪材,是比较经济的一类墙壁。

盖房顺序也是首先建设房墙,春季叉房墙,秋后再做房顶。

在县城附近居民建设房屋用砖砌前檐墙,两山墙和后部则用土坯壁心,门窗整齐檐头平整,却很美观,县内采用衡门较多,但构材亦很为细小。

虎头房是这个地方房屋的一种形式。就是在房顶上部加砌三面女儿墙,前部留一部分小的斜坡屋顶,整体看去

图 213　扶余县石桥村挑山式泥顶房

图 214　扶余县八家子乡房框

图 215　扶余县八家子乡住宅光棍大门

图 216　扶余县城北住宅"虎头房"

扶余八家子乡农民住宅尺度分析表

实例序号	人口	间数	进深（M）	面阔（M）	净高（M）	外　窗		屋　门		马　窗		内　门		拉哈墙厚	
						宽（M）	高（M）	宽（M）	高（M）	宽（M）	高（M）	宽（M）	高（M）	外（M）	内（M）
1	3	1.5	6.25	3.80		1.14	1.32	0.90	1.80	1.14	1.32	0.76	1.64		
2	9	1.5	8.00	3.50	3.10	1.35	1.30	0.90	1.80	1.00	1.36	0.88	1.78		
3	10	3	5.45	3.30	2.50	1.00	1.35	0.90	1.65	0.88	1.40	0.75	1.65	0.58	0.20
4	6	2	6.35	2.39	2.60	1.05	1.30	0.89	1.65	0.90	1.33	0.74	1.65	0.65	0.22
5	5	3	4.40	3.50		1.00	1.26			1.10	1.26	0.70	1.65	0.50	0.20
6	6	2	5.95	3.20	2.60	0.90	1.30	0.90	1.80	0.90	1.30	0.80	1.60		
7	7	1.5	4.85	2.85	2.35	1.05	1.40	0.88	1.80	0.95	1.40	0.70	1.65	0.55	0.20
8	6	1.5	6.40	3.65	2.55	1.04	1.42	0.90	1.70	1.08	1.48	0.70	1.65		
9	4	1.5	4.65	3.10	2.25	0.95	1.25	0.85	1.25			0.75	1.65	0.50	0.20

图 217　虎头房之侧面

图 218　虎头房之女儿墙花饰

图 219　农安县哈拉海村某宅厢房院景

图 220　农安县城北关一宅平房院景

如同虎头向前伸张,所以当地叫虎头房。虎头房的女儿墙在墙面上做各式透珑花格,形式极美,加强了房屋的艺术效果。在这个地区一般人家经济情况较为富裕,在适应风大的情况下来美化房屋,因而产生这样形式是极其自然的。

农安地区房屋平面以三间,五间占数最多,平均进深为8米,间宽3米左右。房屋不做基础,平地起墙,虽然冻层在2米,但与房屋无甚影响。屋顶采用碱土抹平,当地碱土不纯,土质内多泥沙,不如纯碱土耐久。室内净高约在2.8米左右,大部分房屋在山墙处都有柱子承托,也兼用山杈以节省柱子。山杈上部以两个爪柱承担二杈,如不采用二杈时,则利用小爪柱直顶檩木。房屋墙壁大部分都用土坯砌筑,砌坯时不加沙子而只用黄泥,黏性很大。草辫墙和叉垛墙甚少。屋顶做法用苇帘子二层、谷草一层,黑土15厘米用滚子压平,再抹碱土3~4厘米厚。屋顶坡度的标准沿用为进深8米时立人为32厘米高,进深7米时立人为30厘米高,逐渐成为规律。碱土平房屋檐很短不遮挡光线,室内明亮,构造简单,造价低,节省木材。

第五章

朝鲜族居住建筑

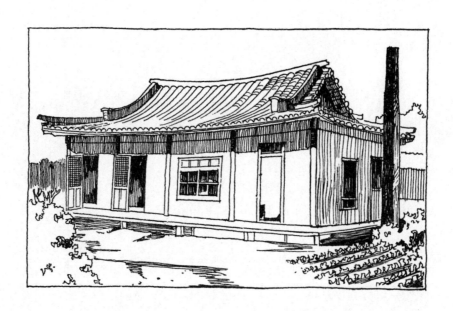

朝鲜族是吉林境内的一个少数民族，也是我国各族大家庭成员之一，在吉林省居住的约有七十余万人。

朝鲜族大部分都聚居在东半部各县如延吉、珲春、和龙、汪清、安图五县，沿着河流、依着山脚，开发了大量水田。

延边朝鲜族自治州，由延吉、珲春、和龙、汪清、安图五个县所组成，西有长白山脉突兀秀拔，为辽宁、吉林二省的主峰，北为长白山脉的哈尔巴岭、老爷岭等绵亘数百余里，为延边北界的屏障，南以图们江为界与朝鲜民主主义人民共和国相望。合计延边所辖区域：东西长800余里，南北长470余里，面积约为4136平方里。

第一节 村镇分布

延边地区村镇大都分布在沿山的平川地带。村庄的距离远近不等，十里至百里大小并集，是根据开拓种植良田面积的多少自然形成的。它的地形选择和汉族村子相仿，都在山坡之阳、靠近道路交通方便的地方，或者是建筑在河流的旁边，地势高爽，没有水灾的危险。街坊由干道和小道之间的空地形成，一般东西方向较长，间有横穿小路成为横向的布置，也有一部分南北方向较长的，纵横交叉成为纵向的布置。这样形状依沿山间的平川长度为转移，不考虑固定的方向；另一原因根据干道而布置，干道很长，干道有一定方向，因而小道也按与干道相交成平行或垂直方向产生。道路是居民及车马的主要交通路线，没有正式规划，建设房屋后而自然形成小路。

朝鲜族房屋布置，对于向阳的方向不太重视，主要沿着道路而建设。朝鲜族房屋以单体为主，绝大部分没有院子和围墙，因此，房屋的布置随意。又因为房屋的前后都有门可以出入，前院空地和后院空地是相等的，房屋两端山墙处有的是相互连接，空隙地带很少，形成行列式。

图 221　龙井县郊区一村庄远景

图 222　安图县一村庄鸟瞰

图 223　安图县福满乡某宅不带廊的房屋

第二节　房屋建筑

　　朝鲜族盖房子曾受到汉族影响，比较注意房址的选择，后期则任意布置。每户人口一般在 3 ～ 6 口，平均每家人口约在 5 人左右，房屋的建筑面积根据人口数目作为依据，以一幢房屋为一户。在城镇住宅间有简单院墙，而农村则全部不设门墙也没有院子，也不设厢房，为单幢独立式房，这是朝鲜族住宅的特点之一。他们的生活方式，不以院子为活动中心，而是以房屋内部为中心。

图 224　珲春县住宅外观

一、平面

　　● 按平面外形可分几种。矩形房呈长方形，在城镇和农村这种房屋的数量最多，是朝鲜族房屋的基本形体。也有少数不带廊的房屋，例如安图县福满乡住宅、安图县明月沟住宅。门窗四扇排列整齐，堆草房和牛圈的门扇较宽，墙面俱涂白色，很幽雅干净。大部分房屋都带有廊子，按廊子的形状不同来划分，可以分为中廊房、偏廊房、全廊

图 225　安图县明月沟住宅

图 226　安图县福满乡偏廊式住宅

图 227 安图县通白村偏廊式住宅

图 228 图们镇四间全廊式住宅

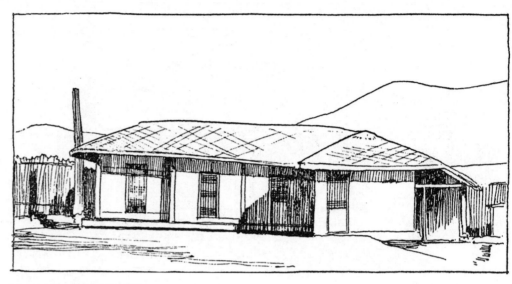

图 229　安图县李村拐角房

房三种类型。中廊房是中部房间带廊，若是五间时，当中三间带廊，布置成对称的形式。偏廊房前廊利用两间，有的靠左侧，有的靠右侧，布置随意而有灵活性。例如安图县福满乡住宅右端带廊房是居住的房屋，牛棚草房布置在左侧。安图县南沟乡住宅则是左边带廊的房屋。廊板距地面有一定高度，廊内为双扇门。又如辑安县通沟乡住宅也是左端带廊的房屋，廊板更高、窗棂极密，别有风味。全廊房也就是在房屋的前端或后端全部有通廊，下面设廊板，可以放置物品很合实用。例如图们镇住宅四间房前部全带廊，廊柱俱为长方形，门窗端正。安图县福满乡住宅也是全廊，但草房门口不设廊板，这是一种简单的做法。在房屋前面布置廊子的主要原因，是从使用上考虑的。因为朝鲜族房屋内全部是火炕，当进门时，必定要有脱鞋的地方，特别是雨天，有廊子的设置可使室内清洁，不能带进泥土，又在廊内可以乘凉、休息、放置什物。例如，这种矩形房的布置一般建筑由四间至六间不等，四间者占最多数，是普通的形式，朝鲜族的叫法称为："四栋房八间屋"，开间尺寸一般在 8 米 ×6 米左右。

● 拐角房。多半适用于农村，有的左面凸出一间，有的右面凸出一间，它和汉族住宅曲尺形式相仿，它根据实际生活的需要，更不受宽窄尺寸的束缚，平面的布局极其灵活，拐角房也有的带廊，也有一部分不带廊，它的用意和矩形房屋相同。安图县福满乡宅拐角房布置极为自由，如同近代建筑风味。

凹字形房是由两个拐角形房屋凑合起来的式样，也是在农村较多，除外形的变化外，室内及屋顶等处理都无大差异。

各房屋的室内布置富于变化，现在根据其标准形式的室内房间划分情况，分述如后。

● 房间内部平面布置。居室是住人的房间，昼间用作居室，夜则作为寝室。朝鲜族房屋居人房间的面积大，间数多，一房之内除掉厨房、牛房、草房、壁厨等房间外，全部为居住的房间。这些房间多半偏在左端。居室房屋有大间 9 ~ 13 平方米，也有小间 4 ~ 7 平方米，大小不等。各室用拉门相隔，前后门和拉门较多，出入甚方便，这样的设计富于变化，比较灵活。例如需要大房间时，室内就不必做间隔墙，需要小房间时，可以用轻体间壁墙分开。房间内部，所有房间均设火炕，但不像汉族房屋室内有炕又有地。它的炕比室外地面高约 30 厘米乃至 50 厘米，比前廊木板地面尚低 20 厘米左右。炕面平整满糊高丽纸，

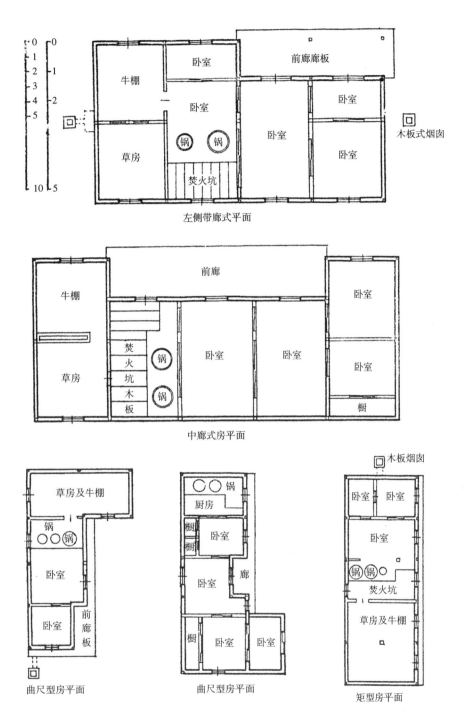

图 230　延边朝鲜自治州不同类型住宅平面图

左侧带廊式平面

中廊式房平面

曲尺型房平面

曲尺型房平面

矩型房平面

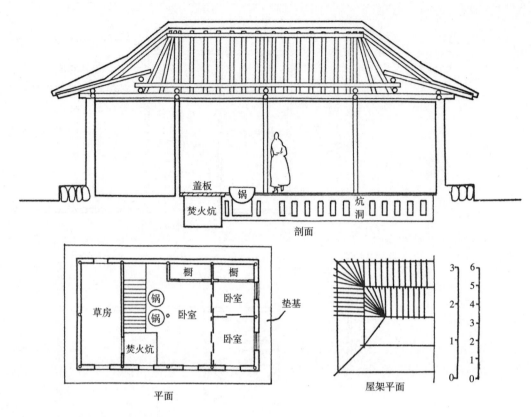

图中文字：
盖板
焚火炕
锅
炕洞
剖面

橱　橱
草房　锅
锅　卧室
焚火炕　卧室
垫基
平面

屋架平面

图 231　百草沟住宅平面及构造

最上部用油纸裱糊，因此，表面整齐光滑，炕下通烟甚为舒暖。靠墙处设壁橱放置衣服，壁橱也用拉门，所有零用物品都藏入其中，室内甚规整雅致。

厨房必须和大房间相接连，位置在整个房屋的中间，其面积占一间房。锅台平面和火炕的表面高度相等，将铁锅用固定的做法安放在锅台上，一般人家都设两口锅，有的安设三口，锅台的旁侧就是烧火坑，烧火坑内设灶坑。火坑的宽度2米左右，长和进深相等，其底面距炕面（锅台面）高约1米。

草房是朝鲜族房屋内的一个房间，它往往是和厨房相连接，尺寸和房屋单间相等，实质上就是一间空屋当作储藏室使用。屋内不设炕，主要放置做饭用的薪材、杂物，也放置一些生活中的用具。可通过草房而到中棚。草房这一间屋的设置很有必要，在住宅中有实用意义。例如汉族一般人家总有些杂物无处可放，都有仓房一间，用这个房间来安放。朝鲜族住宅在设计时，也考虑到了这样的房间。

延边地区以耕种水田为主，必定饲养耕牛，用来耕作水田，因此，建设住宅时，多建一间房屋来做牛棚。牛棚的位置多半设在草房的旁侧，如无草房则将牛棚设在厨房的近旁，或者是将牛棚设在草房的前端成为拐角形的房屋。牛槽设置在草房和牛棚之交，也有很多的例子，这样布置牛棚和居住房屋连接一起不甚合理。有的人家牛棚和住宅之间只留一门，牛粪气味直接侵入室内，严重影响居住卫生。

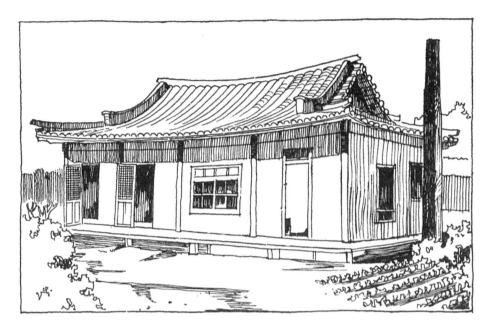

图 232　龙井县四间式瓦房住宅

二、外观

朝鲜族住宅外观看起来很美观，主要是屋顶坡度缓和，屋身平矮，没有高起陡峻的感觉，特别是门窗的比例窄长，使得平矮的屋身又有高起之势，这是设计处理中的一个手法。

房屋的外墙面都粉刷白灰，墙面洁白，再以灰色瓦面相衬，很雅致。朝鲜族房屋屋顶普遍做成四坡水的坡顶，苫草很厚，式样大方美观，它和内地的四阿式房相仿，亦为古之传统。

在城镇或靠近城镇的集镇建设瓦房很多，瓦房屋顶一律采用歇山式顶，其他做法和草房相同。延吉县龙井村住宅瓦房四间，做歇山式。汪清县水南乡住宅五间右侧带廊

图 233　汪清县水南乡五间瓦房住宅

图 234　辑安县通沟乡住宅下建台基

的瓦房，都做歇山式顶。无论草房或瓦房出檐都很长，屋檐下产生了很深的阴影，又加上廊子的凹进，使整个建筑有鲜明的立体感。

三、房屋建筑构造

朝鲜族房屋的构造有一定规律，现在根据其不同的部位叙述。

●基础。房屋基础很浅，因为墙体重量轻不必做到冻层以下。外墙基础砌至 30 厘米即可。

●台基。房屋周围都用土垫出台基，高约 20～30 厘米。台基的周围用石块砌成周边。台基可使房基高起不受水淹免去潮湿，室内因而也很干爽。

●廊板。廊子的地面用木板做成所以叫廊板，朝鲜族住宅廊子地面比台基地高出 40 厘米左右。这种廊子地面是用木板做成，在廊柱之间自柱础石之上设方形横梁，在横梁以上横铺木板。详细构造可参见延吉县龙井村住宅廊板端部详图和延吉县住宅廊板中部详图。

图 235　延吉市住宅檐廊

图 236　龙井市住宅廊板端部图

图 237　延吉县住宅廊板中部图

廊板的来源可远溯到我国古代建筑，在建造宫殿时，常常采取短桩台基，用成组的小短柱作为台基与基础。这样可以通风，又可以防潮。廊板的做法即由它蜕变而来。

●间壁墙。多是轻体构造用板条抹灰，或者是板条抹泥表面再糊纸。门大部做成拉门，门扇双面裱糊厚纸。这种做法不但构造简单、体轻，墙体所占面积又小，当夏季各室拉门都敞开互相通风，室内空气很清新，因此说它是经济适用的处理方法。不隔音，不防火是它的缺点。

●外墙。有两种类型，一种夹心墙，一种空心墙，这两种墙的做法都以木柱为骨架。墙本身不承重量只起围护作用，所以墙壁很薄。夹心墙以木柱为骨干，横向安装壁带，编织柳条或者是草绳，双面糊黄泥沙子表面抹白灰当中填入沙土。夹心墙采用最广的墙壁。空心墙的做法和夹心墙

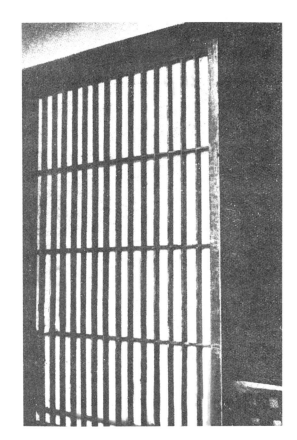

图 238　和龙县住宅内部拉门槅扇

图 239　安图县福满乡住宅梁架结构

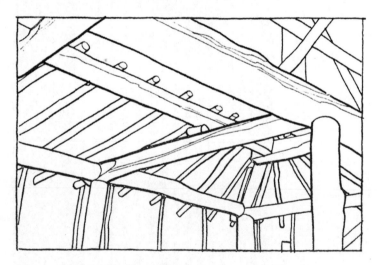

图 240　安图县福满乡住宅梁架构造

图 241　延吉县住宅屋架结构

图 242　汪清县住宅柱头结构

图 243　汪清县住宅转角廊柱头结构

相同，只是墙体中间不填沙土。墙壁室内表面裱糊白纸。

● 柱、梁架。房架的形式和汉族不同，它的特点是首先以立柱支承纵横梁木，在脊部设立柱支承脊檩。横梁按柱网纵横交叉，梁上仍以间为中心，每面各设椽子一条四角相接，将檩条挂在其上呈现四面坡的檐椽，从脊檩挂椽搭接至檩木者则成为脊坡，这种做法形成了四坡水的屋顶。柱上有梁纵横交叉，下端有地梁（地栿）相交，因此形成一个整体的构架。梁柱所用材料不甚粗壮，一般柱子 18 厘米见方，上下横梁 22 厘米，檩木以及瓜柱等为 15 厘米左右，用料甚为经济。在农村者多不加工直接使用荒木，唯独城镇房屋以及比较大的房屋木料加工做成方形。但是，露于外部的梁柱也做方形，稍有加工。

柱子，无论明暗都做方形断面，直立于柱础石之上。地梁（地栿）自柱础接连，柱础石用不规整石块大约 50 厘米左右，长方形、方形不等，这样做法可以免去柱子本身的腐烂。梁和柱头的相接凸出 25 厘米，在梁柱纵横相交接处，加三角木来承担，可以起到加强连接的作用。它可以看成简单的斗栱。在延边民间房屋中，这是一项柱头的装饰如安图县一住宅梁架之细部。

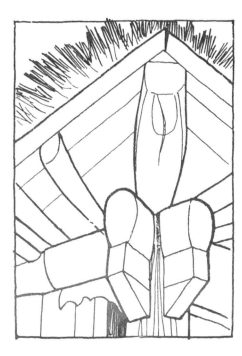

图 244　图们镇住宅转角檐头结构

图 245　图们镇草顶住宅

●屋顶。屋顶做法根据材料和构造的不同，可以分为两类。一类为草顶，另一类为瓦顶。草顶房用稻草做成这样的屋顶取材方便，构造经济又容易施工，故在农村和城镇里大量采用。它的做法首先用草帘子或柳枝铺在椽子上，抹泥约 7～10 厘米厚（黄泥加入砂子），再上加盖稻草。稻草用在屋顶分为两种做法，一种是苫稻草式，将草根向外，短头露出直至屋顶以草辫结束。草的厚度很大，一般在 30～50 厘米左右，再用草绳编织成方格网将全部屋顶包住，不会因为风大而将草吹起，并于屋檐端部和脊部都以木杆压之，更为稳固，图们住宅檐头即这个式样。另一种盖草帘子式，将稻草编成层层相压的草帘子将整个屋顶盖满，在帘子底下仍然铺很厚的草。

图 246　龙井县歇山式瓦顶

这两种草房的做法都用稻草过多，表面看起来很厚，不如汉族农民住宅草顶房表面的平整。平均两年苫草一次，每间约用草 200 捆。

瓦顶房是用灰色或黑色瓦做成的屋顶。在大城镇中数量较多，在农村中数量较少。瓦房坡面很软略有曲线，檐端四角和屋脊两端均向上翘起，垂脊和角脊端部高昂起翘，有一定曲线。仰瓦较宽，筒瓦较窄，勾头瓦当花纹仍然延用高粱花瓣。瓦顶房的构造是在椽子以上铺望板，望板上

图 247　歇山瓦顶垂脊

图 248　歇山顶正脊

图 249　勾头瓦当

图 250　瓦顶脊头构造

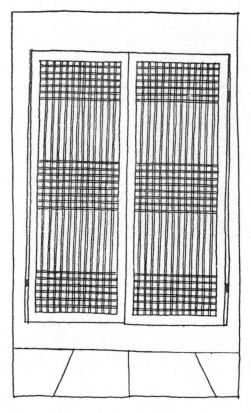

图 251　龙井县李宅双扇门窗

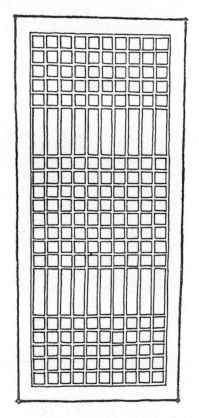

图 252　龙井县金宅单扇门与窗
式样

角抹望泥约 15 厘米，上部角铺盖瓦。

●门窗　朝鲜族房屋门和窗不分，门当作窗子用，窗子也作为门通行，每间前后各一樘，因此，四间房前面四个门，后面也是四个门。当各门都开时，室内充满了过堂风，门的下端自廊台板开始，抱门框上下和横梁相连，因此，门的位置端正。门扇都采用单扇，个别的也采用双扇，门扇格棂采取直棂很密、横格间远，在内部糊白纸，很清秀雅致。近年来有些房屋因为室内透入光线较少室内阴暗，故改用横的固定式窗，但是绝大部分仍然沿用旧有做法。这样布置门窗的一个问题是开门时门扇全开，冬季透入凉风甚多。窗和门的面积过于小。窗扇一般糊白色高丽纸，每年春秋糊两次。延吉县龙井一住宅单扇门窗和双扇门窗的例子。

●火炕　在全部房屋中除烧火坑和草房（储藏室），全部的地面都做火炕，当进门时就上炕面，如同日本住宅

图 253　延吉县住宅木板烟筒

进门就是叠（草垫）相同，室内是炕面，没有地面。朝鲜族火炕的构造和汉族火炕构造基本上相同，不过它的面积大，采用长洞式，烟火由一洞内循环排出，使每洞都有烟火串入，炕即刻温热。朝鲜族火炕的高度距离地面约30～40厘米，但炕洞向地下挖入，炕面抹白灰，在表面糊油纸或铺草帘子，炕面平整。

●烟囱。用木板做成长条形的方筒做烟囱，口径每边约25厘米左右，高达房脊，位置在房屋的左侧或右侧，直立于地面，烟脖（烟道）卧于地下。这种烟囱制作最简单，施工便当省材料，本身体积小而轻便。主要的问题是不防火。但是，由于火炕面积大，火洞长又多，烟火在炕洞循环时间长，火焰逐渐消失，当烟升入烟囱时已无火焰存在。

当到了朝鲜族住宅村时，屋顶成排，烟囱林立，这个形象是住宅村的一个特征。

第六章

蒙古族居住建筑

在吉林地区居住的蒙古族历史悠久，他们向以游牧生活为主，经过长年的游牧而逐步走上定居。又因人口稀少，地域广大，散居较多，集居的村镇比较少，一村有几户至数十户人家。在蒙古族游牧的地方没有房屋，他们都居住蒙古包。后来由于生产方式发展开始定居，建造固定式的蒙古包，后来逐渐学习汉族，建设固定房屋。吉林的蒙古族居住在吉林省西部，与内蒙古哲里木盟相连，原来郭尔罗斯前旗是哲里木盟的一个旗，旗内茫茫旷野大部分为沙漠与碱土地，干旱缺水，生物长不好。因此，这个地方成为半农半牧区。

蒙古族居住在郭尔罗斯前旗的人约计七万左右。从历史上看，原来是契丹属地，金代属于金安县，元为辽王所居，明代为科尔沁占领，其弟乌巴什分据，清初天聪年间（公元1627）召吉、吉木及布木巴来降以后，吉木之弟桑阿尔塞封为辅国公世袭郭尔罗斯前旗。

郭尔罗斯前旗的居住房屋，多是固定式的，基本上与汉族住宅相同。近年来由于农业发达蒙古族人民学习汉人耕种土地，因此新开垦荒地很多，住宅的构造完全和汉族房屋相同，以泥土为主，其建筑规制不甚宏大，唯独窗户、室内构造和其他各族已有差异，为蒙族房屋的特点。其中也有和汉族式住屋型相同的。

第一节　旗王住宅

旗王是过去郭尔罗斯前旗内最高的统治者，选定了松花江下游西岸，旗内风景幽美的地方建设王府（目前称王府屯）。王府屯的位置在松花江中流的西旁，东部、北部亦为江水环绕，西部高山屏障，依山向东北部远观，则可窥扶余和农安县的大平原，在这个地方依山建造王府，地势的选择非常开旷。王府房屋大约千余间左右，使用的砖瓦等建筑材料，大部分都是从外地运去的。王府的规划和布置都采取北京府第建筑的制度，院庭错落，屋宇相连。但调查当时王府被拆除大半，只余下几处邸宅了，根据这几处实物可以看出旗王府建筑原来的规模。

旗王住宅的总平面布置采用汉族房屋的式样，根据地方习惯沿用农村地主大院的传统布局方式，在房屋构造上则吸取北京王府等四合院建筑式样。房屋在院子内布置松散，院子广大，房屋由各花墙接连组织在一起。院内以正房五间、厢房各六间、门房三间所组成，并以垂花门和腰

图 254　郭尔罗斯前旗全景

墙分隔成为前院和后院（内院）。前院较小，没有什么特殊的布置，后院作为住宅内的重心，四周做走廊，和房屋前廊相接，包围成完整方形的院心。在大门以内二门以外栽植树木和花草，使得进入院中的人对宅院有深广的感觉。宅的四周均砌筑高墙，四角建筑炮台，从外观上看和地主的大院基本相同。另外的一个例子是旗长住宅，也是在大的院子当中建筑一座小型的四合院，四合小院是"五正三厢"，前为垂花门，四周也用廊子包围，院心植丁香、杏子，绿草丛生，环境幽静。在院子的中心又有纵横甬路，路身高出地面约一米左右，和汉族院子的一般做法完全不同。

从这两处旗王住宅的院子来看，总平面都是规整的长方形体，院内房屋不多，至为松散，占用土地很多。

房屋用仰瓦，灰筒瓦铺做，并做滚脊式屋顶。房屋式样，构造以及一切装修、廊子等都和北京的清式四合院房屋相同。唯独柱础石不采取鼓石式，它是和庙宇大殿的柱础石做法极其相似。

另外，公营子也曾建设王府，据《吉林府志》记载"伯都纳之南，松花江之西有公营子，郭尔罗斯达尔罕王驻在此，居人约五百余户，离伯都纳九十里，西距松花江十里，西方一带丘陵弯曲，部落散在其间，其东尽植榆树，屋有长门，帖以长大人象，中堂两庑，大率如北京之旗人街"。目前这些房屋都已经不存在了。

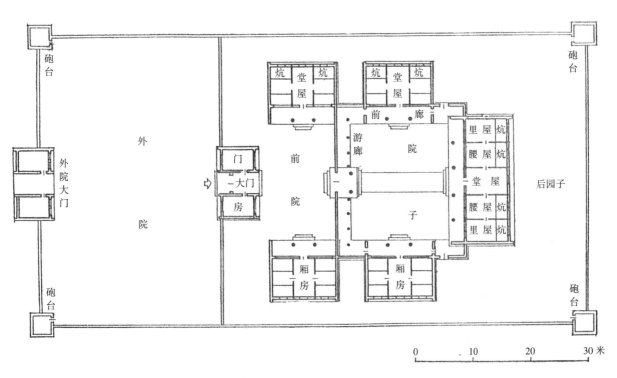

图255 郭尔罗斯前旗王府屯旗王住宅平面图

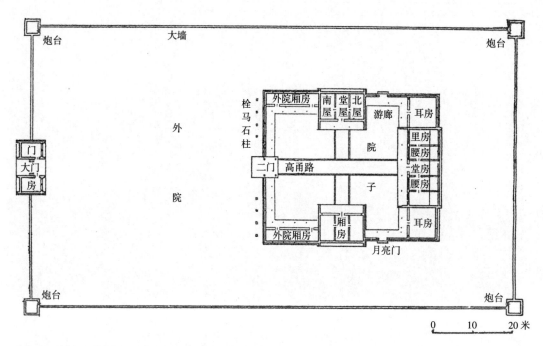

图256 郭尔罗斯前旗王府屯旗长住宅平面图

平面图中文字:
炮台 大墙 炮台
外院 栓马石柱 外院厢房 南屋 堂屋 北屋 游廊 耳房
门 大门房 二门 高甬路 院子 里房 腰房 堂房 腰房 耳房
院 外院厢房 厢房 月亮门
炮台 炮台
0 10 20 米

图258 郭尔罗斯前旗旗王府住宅厢房

图257 郭尔罗斯前旗旗王爷府大院

图 259　郭尔罗斯前旗大草房

第二节　民间居住房屋

蒙古族居住地带以游牧生活为主，并且根据季节的区分来转移住处，因此，居住蒙古包。蒙古包是蒙古族居住的房屋，它有很多种的构架方法，它的优点灵活性强，用材简单，预先做好构件，随时可以拆卸和架起。在半游牧半农耕的蒙古族地区蒙古包很少，他们吸取汉族造房方法建立半固定式的房屋。

蒙古族建立固定式房屋的也很多，凡接近汉族地区，都根据当地汉族房屋式样作为标准，进行建设，然而式样和构造方法也都不尽相同。郭尔罗斯前旗蒙古族自治县的房屋就是其中的一部分。

这些房屋的布置也是由于聚族而居形成一个个的部落，和汉族的小屯、小村基本上是相似的。房屋的布置在各村内都不甚整齐，一户有一个单独的院子，绝大部分采取向阳的方向，从调查过的几个部落来看，房屋的形式分为两种类型：一种是大草房，另一种为马架房。

● 大草房　是蒙古人学习汉族双坡顶草房而产生的一种形式称大草房。大草房的平面外观以及构造都和汉族房屋相同，只在室内设炕，西屋开西窗是它特有的方式。因为该地区房屋普遍矮小，故对这样的双坡顶房屋称之为大草房。

● 马架房　是当地蒙古族农民住宅中的主要房屋，境内的蒙民百分之九十以上，都居住在这样形式的房屋中。

这种房屋在山墙开门，形如吉林东部山区汉族农民的马架，故当地人都称为马架房。

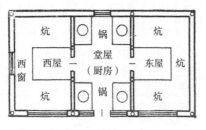
德克正阿平面图（王府屯）

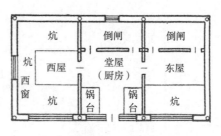
乌乎喜住宅平面（王府屯）

荣木和宅平面（王府屯）

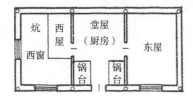
海虎住宅平面（王府屯）

井述连住宅平面（王府屯）

杨合住宅平面（王府屯）

0   5米

图260 郭尔罗斯前旗住宅平面类型

马架房的平面布置一般做两间至三间不等，人口少的造两间，人口多的造三间，两间房屋门开设在东端。东屋是出进的地方又兼作厨房使用，西屋为主要的居室，两面设炕—北炕和西炕，蒙古人称为拐把子炕，在西墙又设西窗。在西窗上部的墙壁上为供奉祖宗或佛坛的地方，西向为上，即西天大佛之意。这也可能是受到满州民族"上屋"的影响，仍然保持这样的布置方式。较大的人家三面设炕，较小人家只用拐把炕，三间房者西屋布置相同，东屋和汉族同样设置南北炕，炕上设茶桌，衣柜等物安置于两旁。

房屋外观也甚简洁朴素，除掉面积较小的门窗外，全部用泥壁，房屋形状低矮，全为泥土抹面。

马架房的构造甚简单，当地不出木材，间架甚少，梁架使用的木材较为细小，在木柱之上架设小梁上置檩木，一般从七条檩至十七条。檩上铺很厚的高粱秆再抹泥，最后抹入碱土一层，与碱土平房做法较为接近。因为该地区风沙甚大，屋顶都做成椭圆平顶。这种马架房做法不做基础，四面皆以土坯墙围绕，当阴雨连绵之际墙壁因潮湿而脱落，因此，房屋的寿命难以保持长久。唯因地方出产甚少，建筑材料极缺，对房屋的改良极需要依靠外地支援建筑材料。

这种马架房屋遍及全县境内，平面将近方形，上部可用椭圆顶，极似蒙古包的化身，居民住在中间仍然可以觉得在包内居住，仍然保持他们的民族习惯。在室内安置有佛坛，并在门楣上贴有"过北门万恶消除"的纸条，有的画马于旗上，插在屋顶或墙头上，这些是汉人中所没有的。

图 261　郭尔罗斯前旗附近 17 檩马架房

图 262　郭尔罗斯前旗 9 檩马架房

图 263　郭尔罗斯前旗 15 檩马架房

蒙古族房屋尺度分析表（单位米）

实例序号	人口	间数	进深（M）	间宽（M）	净高（M）	外宽		屋门		马窗		内门		外墙厚（M）	内墙厚（M）
						宽（M）	高（M）	宽（M）	高（M）	宽（M）	高（M）	宽（M）	高（M）		
1	8	2	3.90	3.20	2.20	0.98	1.07	0.70	1.70			0.64	1.70	0.70	0.18
2	7	2	5.10	3.30	2.60	2.16	1.35	0.90	1.60	0.80	1.35	0.70	1.55	0.50	0.40
3	9	3	3.68	2.71	2.50	2.46	1.40	0.87	1.80	1.00	1.40	0.75	1.70	0.45	0.30
4	15	3	6.10	3.80	2.60	2.40	1.36	0.95	1.85	1.15	1.36	0.76	1.70	0.40	0.25
5	5	2	4.70	3.36	2.25	1.00		0.77	1.60	0.70	1.10	0.77	1.65	0.60	0.25
6	6	2	5.15	3.00	2.30	1.35	2.21	0.80	1.61	0.91	1.27		1.80	0.50	0.30
7	5	3	6.40	4.20	3.16	1.60	2.58	0.93	1.85	1.32	1.64	0.78	1.68	0.50	0.25
8	5	3	3.84	3.30	2.80	1.22	1.02	0.92	1.69			0.79	1.69	0.80	0.22
9	8	1.5	5.95	3.66	2.95	2.25		0.82	1.65	1.37	1.19	0.77	1.75	0.42	0.35
10	2	2	3.57	2.10	2.40	0.90	0.90	0.85	1.70			0.75	1.30	0.55	0.25
11	7	3	5.10	3.29	2.40	2.09	1.27	0.92	1.85	1.01	1.27	0.80	1.70	0.37	0.25

第七章

结　语

总上以观，吉林民间居住建筑，内容很丰富，建筑构造有些特殊手法，同时也可看出各族各地人们为了生活需要，而发挥了巨大的智慧和创造性。它和全国各地居间居住建筑一样，受自然的条件影响很大，如气候、材料资源等，都是决定建筑形式变化的基本因素。另一方面也受经济条件的一定限制，若是经济力量强，则房屋构造装修也随之而讲究，如经济条件改变，则建筑标准也随之变化。因此，一所房屋除了自然条件决定外，主要是由于经济基础所决定的。例如大户人家的住宅，绝大部分都建筑在城市和较大的乡镇，住宅占地广大，规模宏伟。房屋间数很多，一般都在 3 米 ×6 米左右的开间，房屋之间的距离疏稀，四角都各不相连，成为单独的个体式。在房屋之间和房屋两旁，宁可空闲用地而不建耳房或套房，使得房屋保持独立的完整性。因厢房较长间数多，使院心为长方形，不像北京住宅的院子是正方形。所使用的材料都用砖、瓦、木、石四种，如做土墙时在墙基及勒脚处也都垫石块基础，因此很坚固耐久。

房屋外观方面，房体高大，山墙和瓦顶平直，比较呆板没有曲线。又因防寒之故使墙体很厚，窗子面积较小，觉得更为笨重。但是建筑的某些细部，如装饰雕工则很细致，若从建筑特性来分析，则给人以永久性和安全性的感觉。这些都不是凭空而来的，是在一定的自然条件下所产生的，如此才能使建筑本身达到应有的气魄。这些房屋建筑不仅是要表现自己的豪华阔绰，不惜加工细作，另外又由于封建社会的思想束缚，因都做成左右对称均齐的式样而少有随意的变化。

另一部分贫苦农民的住宅，有院的人家较少，一般都建设正房一处，房前房后稍有少量的空余地。房屋间数计划根据人口多少来决定大小，在构造方面做法简洁朴实，墙面、梁架甚为简单。屋顶的做法是随同气候条件和地方材料而采取不同的处理方式，主要材料都是以泥土为主，所采用的地方手法，多是积累民间固有的经验。特别是对于地方材料的运用，确能吸取传统的，民间的经验，在住宅中充分地，恰当地表现出来。从经济价值来说这种房屋的成就很大，不但花钱少而又解决实际问题。

除了自然条件和经济条件以外，民族的生活习惯，也对建筑形式有一定的影响。

满族民间居住建筑，吉林与乌拉镇各自不同，各有独特的风格。吉林市房屋为了防止火灾普遍做砖瓦到顶的硬山顶式，墙面除前檐部的装修外，不露一根木材，房屋普遍建筑前廊或木板雨搭成为固定规律。乌拉镇的房屋则不如吉林的体型高大，普遍做挑山式房顶，并在山头钉木搏风板，屋前没有前廊和木板雨搭，轻巧玲珑。大门的形式采用光棍大门（即古之衡门），木板大门，四脚落地大门三种，院子中庭设立神杆，再以"木板障子"、"木板影壁"陪衬，使格调统一，别具风趣，这也是因为满族善于使用木材的特征。另外房屋构造规整大方，建筑的艺术装饰很为细致，又因为借间而影响到风门，普遍开在东南，成为不对称式，这是满族住宅的又一特点。又乡村中的草房，在房脊部为防止风吹房草，纵横方向压以木杆，成交叉式或做成马鞍式，这种用法形制也是满族建筑所特有的。上屋（西屋）为主，屋内宽大，三面设炕，在万字炕的墙壁上供奉神牌，是满州建筑特点之一，这和汉族住宅有所不同。

汉族居住建筑和满族住宅建筑主要不同之点是汉族都采取对称式，也就是无论平面设计或者是单座房屋设计，采取对称式布置。在外形上正房和厢房的划分，正房高大厢房稍小，意思是有主次的区别，但在室内布置上则没有区别，除明间外分间相等，屋内间隔简单，没有满族房屋室内布置那样复杂。在砌筑土墙时采用石头垫底以防地湿返潮影响墙壁的坚固性。汉族居住在吉林省境内范围最广，各乡各镇都有居住，却能根据情况的不同而创造出不同风格的建筑。

朝鲜族民间住宅建筑，和满、汉两族差别很大，主要是生活习惯的不同而产生。例如表现在室内布置上朝族房屋火炕的面积大，室内全部建设火炕，成为固定式的采暖办法，这是特殊的。火炕使用历史悠久，在元代已有火炕，一直延续至今。室内间壁墙完全做成活扇拉门，双面裱糊厚纸，十分轻巧灵活，必要时可以全部拉开，人多时可在室内会聚。房屋平面布置也是以间为单位。但是，取形随意不受长方形固定式的拘束，这种灵活性是它的特点。朝鲜族房屋不设单独的窗户，窗就是门，门也是窗，合为一处共同使用谓之门窗合一。其面积又成窄长状，它严重影响光线，使室内阴暗。屋顶采取统一做法，没有特殊的变化，瓦房全做歇山式顶，草房全做四坡水式顶。烟囱全部使用木板制作，钉成正方形木筒直立于地面，式样构造比较简明，也是一种特殊的风格。

蒙古族住宅建筑，在吉林省是最少的一部分，但从它的聚居情况来看，房屋式样不甚美观。室内设西炕俗称拐巴的炕，西墙面开窗，整体做成半固定式，房屋简陋，外观都做成山墙开门的马架子形式。

今后对于新的住宅建筑，也不能在各地统一使用一种固定的标准设计。应结合当地的条件，根据具体情况出发，发展新的形式。因此，根据当地的固有经验，继承民族的、传统的、乡土的做法是很必要的。特别应指出的是，火炕是各族人民在寒冷地区条件下，是比较适用的采暖设施，不但节省薪材，也可利用做饭的余热将炕烧暖，省去制造木床的材料。这是今后建筑设计中应该考虑的。

编后语

　　中国民居建筑历史传统悠久，在漫长的发展过程中，受地域、气候、环境、经济的发展和生活的变化等因素的影响，形成了各具风格的村镇布局和民居类型，并积累了丰富的修建经验和设计手法。

　　中华人民共和国成立后，我国建筑专家将历史建筑研究的着眼点从"官式"建筑转向民居的调查研究，开始在各地开启民居调查工作，并对民居的优秀、典型的实例和处理手法做了细致的观察和记录。在20世纪80年代~90年代，我社将中国民居专家聚拢在一起，由我社杨谷生副总编负责策划组织工作，各地民居专家对比较具有代表性的十个地区民居进行详尽的考察、记录和整理，经过前期资料的积累和后期的增加、补充，出版了我国第一套民居系列图书。其内容详实、测绘精细，从村镇布局、建筑与地形的结合、平面与空间的处理、体型面貌、建筑构架、装饰及细部、民居实例等不同的层面进行详尽整理，从民居营建技术的角度系统而专业地呈现了中国民居的显著特点，成为我国首批出版的传统民居调研成果。丛书从组织策划到封面设计、书籍装帧、插画设计、封面题字等均为出版和建筑领域的专家，是大家智慧之集成。该套书一经出版便得到了建筑领域的高度认可，并在当时获得了全国优秀科技图书一等奖。

　　此套民居图书的首次出版，可以说影响了一代人，其作者均来自各地建筑设计研究机构，他们不但是民居建筑研究专家，也是画家、艺术家。他们具备厚重的建筑专业知识和扎实的绘图功底，是新中国第一代民居专家，并在此后培养了无数新生力量，为中国民居的研究领域做出了重大的贡献。当时的作者较多已经成为当今民居领域的研究专家，如傅熹年、陆元鼎、孙大章、陆琦等都参与了该套书的调研和编写工作。

　　我国改革开放以来，我国的城市化建设发生了重大的飞跃，尤其是进入21世纪，城市化的快速发展波及祖国各地。为了追随快速发展的现代化建设，同时也随着广大人民生活水平的提高，群众迫切地需要改善居住条件，较多的传统民居建筑已经在现代化的普及中逐渐消亡。取而代之的是四处林立的冰冷的混凝土建筑。祖国千百年来的民居营建技艺也随着建筑的消亡而逐渐失传。较多的专家都感悟到：由于保护的不善、人们的不重视和过度的追求现代化等原因，很多的传统民居实体已不存在，或者只留下了残破的墙体或者地基，同时对于传统民居类型的确定和梳理也产生了较大的困难。

适逢国家对中国历史遗存建筑的保护和重视，结合近几年国家下发的各种规划性政策文件，尤其是在"十九大"报告和国家颁布的各种政策中，均强调要实施乡村振兴战略，实施中华优秀传统文化发展工程。由此，我们清楚地认识到，中国传统建筑文化在当今的建筑可持续发展中具有十分重要的作用，它的传承和发展是一项长期且可持续的工程。作为出版传媒单位，我们有必要将中国优秀的建筑文化传承下去。尤其在当下，乡村复兴逐渐成为乡村振兴战略的一部分，如何避免千篇一律的城市化发展，如何建设符合当地生态系统，尊重自然、人文、社会环境的民居建筑，不但是建筑师需要考虑的问题，也是我们建筑文化传播者需要去挖掘、传播的首要事情。

因此，我社计划将这套已属绝版的图书进行重新整理出版，使整套民居建筑专家的第一手民居测绘资料，以一种新的面貌呈现在读者面前。某些省份由于在发展的过程中区位发生了变化，故再版图书中将其中的地区图做了部分调整和精减。本套书的重新整理出版，再现了第一代民居研究专家的精细测绘和分析图纸。面对早期民居资料遗存较少的问题，为中国民居研究领域贡献了更多的参考。重新开启封存已久的首批民居研究资料，相信其定会再度掀起专业建筑测绘热潮。

传播传统建筑文化，传承传统建筑建造技艺，将无形化为有形，传统将会持续而久远地流传。

中国建筑工业出版社

2017 年 12 月

图书在版编目（CIP）数据

吉林民居 / 张驭寰 . —北京：中国建筑工业出版社，2017.10
（中国传统民居系列图册）
ISBN 978-7-112-21016-9

Ⅰ.①吉⋯ Ⅱ.①张⋯ Ⅲ.①民居—建筑艺术—吉林—图集 Ⅳ.① TU241.5-64

中国版本图书馆 CIP 数据核字（2017）第 173933 号

　　本书作者对吉林省境内满族、汉族、朝鲜族、蒙古族城乡居民的传统住宅建筑进行了广泛的调
查，并在此基础上，分别对其分布情况、总体布局、房屋建筑、结构构造、装修细部、施工材料等
的传统手法和经验做了分析研究。书中附插图及照片 260 余幅。适于建筑学、装修学、艺术学等相
关学科工作者及在校师生阅读。

封面题字：王遐举
责任编辑：孙　硕　唐　旭　张　华　李东禧
责任校对：李欣慰　姜小莲

中国传统民居系列图册

吉林民居
张驭寰

＊

中国建筑工业出版社出版、发行（北京海淀三里河路9号）
各地新华书店、建筑书店经销
北京京点图文设计有限公司制版
北京中科印刷有限公司印刷

＊

开本：787×1092毫米　1/12　印张：15　插页：1　字数：266千字
2018年1月第一版　2018年1月第一次印刷
定价：60.00 元
ISBN 978-7-112-21016-9
　　　（30640）